U0285375

基于振动信号的滚动
轴承智能健康管理

李　川　梁　明　陈志强　白　云◎著

科学出版社

北　京

内 容 简 介

本书基于振动状态监测信号，以滚动轴承作为设备维护对象，通过实验验证、仿真评估与理论分析相结合的方法，深度剖析了基于多信息融合的滚动轴承健康监测管理、基于数学形态学的滚动轴承健康监测管理、基于广义同步挤压变换的滚动轴承健康监测管理。

本书适合人工智能、机械工程、可靠性管理等相关学科的高校师生阅读，也可供从事工业工程、设备健康管理、故障诊断、信号处理、工业大数据等领域的科技人员参考。

图书在版编目（CIP）数据

基于振动信号的滚动轴承智能健康管理/李川等著. —北京：科学出版社，2018.6

　　ISBN 978-7-03-058100-6

　　I. ①基… II. ①李… III. ①滚动轴承－故障诊断　IV. ①TH133.33

中国版本图书馆 CIP 数据核字(2018)第 134121 号

责任编辑：郭勇斌　邓新平 / 责任校对：王晓茜
责任印制：张　伟 / 封面设计：蔡美宇

科 学 出 版 社 出版
北京东黄城根北街 16 号
邮政编码：100717
http://www.sciencep.com

北京中石油彩色印刷有限责任公司 印刷
科学出版社发行　各地新华书店经销

*

2018 年 6 月第 一 版　　开本：720×1000　1/16
2019 年 2 月第三次印刷　　印张：10 1/2
字数：189 000
定价：68.00 元
（如有印装质量问题，我社负责调换）

前　言

随着制造业的不断发展，全球制造业格局面临着重大变革。在国际上，美国、德国、日本等发达国家都公布了工业 4.0 等不同版本的制造业创新战略计划。我国于 2015 年发布的《中国制造 2025》详细提出了智能制造的整体发展规划。随着新一代信息技术与制造业的发展，智能化与工业化的深度融合已经成为智能制造的主要突破口。设备健康管理是制造业的核心内容，但制造业的人力、物力资源不可能无穷尽地投入到设备管理，因此新时期的制造业对设备维护具有智能健康监测管理的新要求。

故障预测与健康管理（Prognostics and Health Management，PHM）是智能制造的核心技术，也是制造业发展的重要方向之一。本书针对智能制造健康管理的基本问题，以旋转机械设备中的核心部件滚动轴承的健康监测管理为主要研究对象，开展基于振动信号的滚动轴承健康监测管理研究，实现信息技术与设备健康管理深度融合，可以为故障预测与健康管理乃至智能制造领域的科技创新提供支撑。

本书共分为 5 章。第 1 章为绪论，指出了滚动轴承健康监测管理的目的和意义，对轴承健康监测管理的技术做了初步的介绍；第 2 章介绍了滚动轴承的健康退化机制，并简要介绍了退化过程的振动特征分析方法；第 3 章介绍了轴承健康监测管理的多信息融合方法，在此基础上通过最优解调识别轴承的健康状态；第 4 章介绍了基于数学形态学的滚动轴承健康监测管理，具体介绍了基于形态小波的振动信号切片分析方法、连续尺度数学形态学方法等在滚动轴承健康监测管理中的应用；第 5 章介绍了基于振动信号广义同步挤压变换的智能监测方法，在同步挤压变换及其广义拓展的基础上，将其应用到变速条件下的轴承健康监测管理。

本书由李川、梁明、陈志强和白云共同撰写，其中第 1 章和第 2 章由陈志强负责，第 3 章由李川负责，第 4 章由梁明和李川负责，第 5 章由白云负责，全书由李川和梁明统稿。相关老师、博士后和研究生参与了本书的整理和校对，东莞理工学院的广东省智能制造系统健康监测维护工程技术研究中心为本书的成稿提供了支持，中国、加拿大、葡萄牙、厄瓜多尔的多位专家为本书的内容提出了重要的建议和意见，在此向他们一并表示感谢。

　　本书的研究工作获得国家自然科学基金项目（51775112，51375517）、国家重点研发计划项目（2016YFE0132200）和中国博士后科学基金项目（2016M602459）等的资助，特此感谢。

　　由于作者水平有限，书中难免存在疏漏之处，敬请广大读者批评指正。

作　者

2017 年 11 月

目　录

第1章 绪 论

1.1 滚动轴承健康监测管理的目的和意义

滚动轴承的健康监测管理问题得到重点关注，是因为滚动轴承作为承受载荷和传递载荷的重要部件，是各类装备中具有重要作用的基础关键件。国务院颁发的《关于加快振兴装备制造业的若干意见》提出，以关键领域的重大技术装备和产品为重点，实现重大突破，振兴装备制造业。《国家中长期科学和技术发展规划纲要（2006—2020 年）》[1]定义的优先主题及其重点领域中，"基础件和通用部件""高速轨道交通系统""高效运输技术与装备""交通运输安全与应急保障"都被列为国家重点鼓励发展的领域。这些关键领域的重大技术装备和产品，大部分都需要高精度的、可靠性强的滚动轴承。另外，滚动轴承广泛应用于许多关系国计民生的重要行业，如交通运输、河海运输、航天航空、机械制造、化学工业、军事工业、钢铁冶金、石油开采与冶炼等领域[2]。

在旋转机械设备中，滚动轴承是最容易损坏的部件之一。旋转机械设备中，滚动轴承的故障大约占总故障的 30%[3]；电机故障中，40%的故障源于电机中的滚动轴承故障[4, 5]；齿轮箱系统中，轴承故障率仅次于齿轮故障率，大约占20%[3, 4]；我国每年约有 40%的机车，所使用滚动轴承要经过下车检验，需要更换的滚动轴承约占下车检验轴承的 33%[2]。在现实生产生活中，由于机械设备失效引发重大事故时有发生。2014 年，俄罗斯一架米-8 直升机坠毁事故，调查结果显示是因为发动机故障；2005 年，某 300 MW 发电机因为转子裂纹而报废[2, 6]。

在铁路运行领域，2007 年 8 月郑州铁路局管辖内的一列货运列车因轴箱轴承过热发生热切轴故障，导致列车脱轨遇险；同年 9 月，一列货运列车因轴箱轴承质量问题，导致一节车箱某轴发生热切[7]。事实上，通过统计近几年来铁路部门的实际检修情况[7]，不难发现各型列车的滚动轴承，均可能出现不同程度的损伤。

上述事故表明，研究滚动轴承的健康监测管理问题，对保证设备运行安全和人员安全、减少经济损失具有重要的意义。当前针对滚动轴承等关键零部件进行的在线辨识、诊断、预测和监控技术还不能完全满足装备制造业发展的需要，尤其是对于关键零部件的早期故障，因为信号微弱，难以发现。为了避免事故的发生，必须进一步建立和完善在线监控和预警系统，智能健康监测管理系统正是与之相匹配的应对策略之一[7]。

随着制造业与新一代信息技术的深度融合，全球的制造业格局正面临重大调整，也将引发影响深远的产业变革。美国、德国、日本等都公布了各自的工业 4.0 战略计划。2015 年 5 月，我国印发《中国制造 2025》，对智能制造领域做出了整体规划，其中明确提出智能制造的主攻方向是信息化与工业化深度融合。设备维护与管理领域，经历了事后维修和定期检测等发展阶段后，正向可预测性维护快速推进，对滚动轴承等关键设备进行基于振动监测的智能健康监测管理，也是实现智能制造的迫切需求之一。

滚动轴承健康监测管理的主要目的是有效开展滚动轴承的可预测性维护，实现滚动轴承状态监测智慧化。在大数据驱动下，能够预测设备的故障时间及故障点，降低备件库存，把变化变成计划的一部分，使得维修成本大幅降低，为工业 4.0 和《中国制造 2025》等制造业创新战略背景下的智慧工厂添砖加瓦，推动智能制造的稳步实现。

1.2　滚动轴承健康监测管理的研究内容

滚动轴承健康监测管理是机械工程、数学、物理、电子技术、通信技术、计算机技术、工业工程等多学科融合的技术，滚动轴承的振动信号、噪声信号、温度信号、工作参数变量信号甚至气味信号都包含滚动轴承的健康状态。因此，可以通过监测滚动轴承在各种工况下表现出来的各种健康状态信号，如振动、噪声、温度、工作参数变量、气味、泄漏，然后通过信号分析和信息处理等综合技术手段，来对滚动轴承的健康状态、故障类型和故障严重程度进行综合评价。实际应用中，滚动轴承的健康监测管理也是围绕着振动、噪声、温度等信号进行研究的[3, 5]。轴承状态监测过程一般包括三个步骤：首先是获取轴承状态信号，其次提取故障特征信息，最后通过模式识别等技术诊断故障状态，其流程如图 1-1 所示[2]。

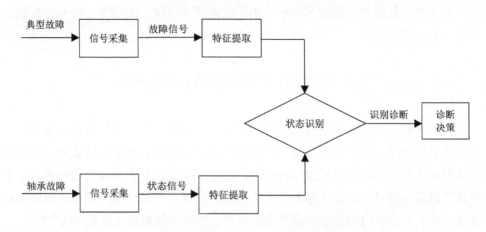

图 1-1 基于振动信号的滚动轴承健康监测管理的流程图

检测实验技术、信号处理与分析技术、故障模式识别技术及生命周期的预测评估技术是滚动轴承健康监测管理的主要技术手段。通过这些手段，可以达到如下目的[3-5]：检测和发现存在的异常，诊断故障状态、位置及故障类型，最终提出可行的诊断方案和诊断结论。因此，滚动轴承健康监测管理的主要研究内容可以具体描述如下。

（1）信号检测与采集，旨在获取能够反映轴承工作状态的信号。不同的滚动轴承的工作环境，有不同的信号采集方式和传感器的配置与安装。传感器检测装置检测到的信号通过高性能数据采集装置，采集滚动轴承状态信号如温度、位移、速度、振动等。其中，传感器和数据采集软硬件技术是研究的核心内容。

（2）状态信号特征提取。利用高性能数据采集装置采集到的滚动轴承状态信号通常包含较多的干扰噪声。状态信号特征提取主要是利用信号处理与分析技术，去除噪声干扰，提取出能够反映轴承状态的有用特征信息。比如，噪声干扰下的信号的频域信息含有较多的复杂频率成分，需要从这些复杂频率成分中提取出有效的故障频率特征。作为健康监测的关键步骤，信号特征提取将直接影响故障模式识别的可靠性和准确性。信号特征提取通常有如下方式：时域特征提取、频域特征提取及时频域特征提取，除此之外还可以利用其他一些非线性参数来提取信号特征[2]。

（3）健康特征模式识别。基于提取的滚动轴承状态信号特征，采用智能管理等技术，识别滚动轴承的故障模式，进一步诊断故障的类型、部位，并分析故障产生原因[8]。

（4）决策干预。有了上述的诊断结果后，就可以对滚动轴承的运行状态、故障发展趋势进行评估，然后做出滚动轴承健康管理决策，如调整、维修、控制、更换或继续监视等[8]。

1.3　滚动轴承健康监测管理分类

如前所述，滚动轴承的振动信号、温度信号、噪声信号等都蕴藏着滚动轴承的工作健康状态。这些载体反映了不同的故障检测机理。基于这些载体，可以相应开发出不同的滚动轴承健康监测管理，如基于振动信号的健康监测管理、基于油液的健康监测管理、基于温度信号的健康监测管理、基于噪声信号的健康监测管理、基于油膜电阻的健康监测管理及基于光纤信号的健康监测管理等[3, 9, 10]。

1.3.1　基于振动信号的健康监测管理

这是滚动轴承健康监测管理最常用的技术之一，与之相关的理论基础和实践应用都比较成熟，是实现滚动轴承在线监测的主要技术[11]。通过采集运行过程中轴承的振动信号，然后对其进行时域、频域或时频域分析，提取相应特征，针对滚动轴承出现的典型故障如变形、压痕、疲劳剥落、局部腐蚀等进行状态监测与智能管理[3]。滚动轴承的振动信号类型通常包括平稳振动信号、循环平稳振动信号、非平稳振动信号。相应振动信号的平稳性，又可以有针对性地开发出不同的振动信号滚动轴承故障诊断技术，其中时域分析法、频域分析法和时频域分析法是振动信号分析的主要手段。

1. 平稳振动信号分析

当滚动轴承在稳定状态下工作时，其振动信号多为平稳振动信号。傅里叶频谱分析方法是主要的平稳振动信号分析技术。傅里叶频谱分析将时域波形经过傅里叶变换转换成频谱图，采用振动信号的频谱特征（如特征频率、幅值、无量纲判别因子等）进行诊断分析。如果频谱图中有明显的故障频率波峰存在，则表示滚动轴承存在故障。傅里叶频谱分析对早期的轴承故障灵敏度不够，通常适用于轴承故障较严重的情形。另外一种常用的平稳振动信号分析技术是基于时间序列模型的统计参数分析。

除了上述两种技术之外，其他常用于滚动轴承平稳振动信号分析的方法有：倒频谱分析、时域平均方法、主成分分析技术、包络分析、细化谱技术、全息谱技术、双谱技术等[3, 5]，这些方法有效提高了信号分析的信噪比和性能。

2. 循环平稳振动信号分析

由于滚动轴承的结构具有对称性,其产生的振动信号中含有大量的周期成分,在一些工况下,滚动轴承振动信号的统计特征参量随时间呈现周期或多周期的变化规律。这是一种特殊的非平稳信号,具有循环平稳特性,因此被称为循环平稳振动信号。循环平稳振动信号的处理方法基于循环统计理论,最初的处理技术是将循环平稳振动信号分解为一组相关的平稳随机信号。后来随着二阶统计量的研究深入,基于二阶循环平稳理论的时间平滑周期图法、基于谱相关密度提取轴承故障特征信号的方法等被运用于滚动轴承故障诊断中。二阶统计量技术有效地降低了干扰信号和噪声对调制结果的影响,能够更好地提取故障特征,较准确地揭示故障成因,提高监测的准确性[3, 5]。高阶循环统计量诞生之后,很快应用到循环平稳振动信号的分析中[12],如陈进等[13]应用高阶循环统计量理论在旋转机械的故障特征提取和识别中,指出将高阶循环统计量应用于机械设备的故障诊断领域具有重要意义。

3. 非平稳振动信号分析

当滚动轴承发生故障时,在采集到的振动信号中存在瞬态冲击响应成分,这种成分表现出持续时间较短、频带较宽等特点,这种带有时变特性的信号称为非平稳振动信号。傅里叶变换虽然在稳定振动信号分析领域展现了优越的性能,但不能够有效处理非平稳振动信号。

为了识别非平稳振动信号的局部性能,时域和频域的二维联合表示即时频信号分析是非常必要的。常用的时频信号分析方法有短时傅里叶变换(Short-Time Fourier Transform,STFT)、自适应时频分析(Adaptive Time-Frequency Analysis,ATFR)、小波变换(Wavelet Transform,WT)、奇异值分解(Singular Value Decomposition,SVD)、匹配追踪(Matching Pursuit,MP)、Wigner-Ville 分布、经验模态分解(Empirical Mode Decomposition,EMD)、希尔伯特-黄变换(Hilbert-Huang Transform,HHT)算法等方法[7]。

1.3.2　基于油液的健康监测管理

磨损、断裂、腐蚀是滚动轴承的主要故障形式,在所有机械系统中,互相接触的金属零件的相对运动都会发生磨损。运动副的表面磨损,会产生磨屑颗粒,这些颗粒处于悬浮状态并存在于机械的润滑系统中。高速运转的轴承,不可避免会发生磨损,相关的颗粒会随着冷却油或润滑油进入到循环油液中。因此对于那些油冷却或者油润滑的轴承，润滑油中金属粒子的数量也是轴承健康状态的重要指示器。监测和分析运行过程中的油液中的金属粒子数量，就可以了解滚动轴承的运行状态，进而推断出轴承故障的类型和位置[14, 15]。

油中颗粒监测（Oil Debris Monitor，ODM）技术已经被应用于润滑油回路中金属颗粒的在线监测，其技术原理如下[16]：在滚动轴承的回油线路上，安装一个油中颗粒监测传感器，该传感器作为油液的流动通道的一部分，当金属颗粒通过传感器油路通道时，会产生一个非平稳振动信号，类似于脉冲信号，通过分析这个非平稳振动信号，可以获取颗粒特征。在实际监测环境中，振动噪声和环境噪声是不可避免的，这会干扰监测结果。因此在被噪声污染的传感信号中提取出颗粒特征信号，是油液中金属颗粒污染物监测的关键技术之一[17]。

另外一种普遍使用的油液诊断技术是铁谱监测技术[3, 5]。该技术的原理如下：通过定性观察和定量测试冷却或润滑油中的磨损磨粒在铁谱片上的分布，来判断轴承的运行状态和磨损机理。铁谱监测仪器价格低廉、采集到的信息比较丰富，但是依赖技术人员的经验，不能及时预报突发性故障。常用的铁谱监测仪器有分析式铁谱仪、直读式铁谱仪和旋转式铁谱仪。

综合运用红外光谱分析、油液理化分析、发射光谱技术、铁谱分析、清洁度检测及 ODM 技术等，可以有效地避免由于单一手段的局限性导致的误诊和漏诊现象[3]，在滚动轴承故障诊断中发挥重要的作用。

1.3.3　基于温度信号的健康监测管理

温度是表示物体冷热程度的物理量，也是物体分子运动平均动能大小的标志。因此温度是滚动轴承在运转过程中最基本的性能参数之一。设备零部件的工作状况如摩擦、碰撞、泄漏等，都可反应在温度的变化和分布情况中。滚动轴承的载荷、摩擦力矩、转速、润滑剂黏度及轴承的运转状态，都是影响轴承温度的重要因素[3, 5]，因此可以通过测量轴承的温度来观察轴承的运转参数的变化和运行的故障[10]。特别是对存在烧伤故障的滚动轴承，轴承烧伤程度可以通过测量温度得到有效的反馈。

在工业生产中，采用各种检测仪表来测量零部件的温度值或温度分布，并通过温度的变化和分布情况分析，可以确定其工作状态和诊断故障程度。温度监测在一定程度上能够防止热切轴的发生，其应用最早，并且已成为大多数轴承故障监测的标准配置。温度监测主要是针对温度变化明显的较严重故障检测，对于微小故障如轴承所出现的轻微磨损和剥落、早期点蚀等并不敏感。因为存在微小故障的轴承温度的变化并不明显，难以通过温度监测准确反应早期故障，所以温度监测一般作为保障轴承安全的辅助方法。

1.3.4　基于噪声信号的健康监测管理

滚动轴承诊断技术的第一阶段即是利用声学信号进行故障健康监测管理。最早利用设备发出的声音诊断轴承工作状态的装置是听音棒。听音棒的一端与轴承接触，另一端与工程师的耳朵接触，通过工程师的经验来判断设备正常与否。在诊断过程中，人的经验占据主导地位，其准确性往往因人而异，可靠性比较差。

近十年来，基于声发射（Acoustic Emission，AE）的故障诊断技术得到迅速发展。声发射指的是材料内部或表面因为损坏或变形，突然释放应变能发射的瞬态弹性波[18]。轴承由于变形、剥落或裂纹等原因，会产生这种弹性波，声发射技术就是利用监测到的轴承弹性波来实现对轴承工况的诊断。旋转机械运行过程中，由于不平衡、热弯曲、不对中等因素，动静件之间会发生碰摩。随着旋转机械的运行效率日益提高，旋转机械动静件间的配合间隙也越来越小，这导致更加突出动静件间的碰摩。一旦碰摩发生，动静件碰摩处就会发生弹性变形，产生弹性波发射。典型声发射源来自变形和断裂机制有关的弹性波源。除此之外，撞击、流体泄漏、燃烧、摩擦、磁畴壁运转等是声发射的另一类来源，通常被称为二次声发射源[19]。

声发射信号幅值的大小主要与碰摩时释放的能量直接相关，与振动状态关系不大，声发射信号蕴含了丰富的碰摩信息。在没有发生碰摩前，声发射信号中并不包含滚动轴承的不对中、不平衡等故障状态信息[20, 21]。碰摩发生后，摩擦产生的声发射波穿过转子表面，可以到达轴承界面，通过声发射传感器，可以很容易被检测到。因此，声发射非常适合诊断实际机组运行过程中的动静件碰摩故障，特别对于检测和识别轻微滑动摩擦，其优势比较明显[20, 21]。

经常受到交变载荷冲击作用的滚动轴承，容易产生塑性变形或错位运动。这个过程中，声发射信号伴随而生。这种滚动轴承产生的声发射信号有如下特点：频带通常较宽，发射频率可达几十甚至几百兆赫兹；信号的强度差异很小，通常只有几微伏，因此需要电荷放大器等辅助仪器进行放大[3]。

采用声发射法对滚动轴承进行健康监测管理的主要优点如下[8, 22-24]。一是声发射法能够实现早期预报和诊断故障。当轴承出现微裂纹时，在慢扩展阶段，难以引起轴承明显振动，但是已经产生比较明显的声发射信号。因此在工况完全相同的条件下，同时用振动信号和声发射信号监测轴承工作状态，声发射法能够比振动监测方法更早地识别故障。二是声发射信号的特征频率明显。声发射信号有较宽的频谱，比较而言，振动信号的频谱要窄得多。声发射信号高达几万赫兹以上的高频信号特性，可以有效抑制干扰，这大大提高了检测正确率。除此之外，声发射检测装置体积小，抗干扰性好，可靠性高，使用方便，因此声发射法还非常适用于现场检测。不足之处是声发射法需要价格比较昂贵的专用设备，其推广应用受到了一定的限制。

1.3.5　基于油膜电阻的健康监测管理

润滑良好的轴承，滚动体和滚道间会形成油膜。在油膜的作用下，内、外圈之间的电阻高达几兆欧姆[3,5]。如果破坏了滚道和滚动体之间的润滑油膜，那么内、外圈之间的电阻可降低至零欧姆。受此启发，只要能够测量滚动轴承内、外圈之间的电阻，就可以判断轴承是否存在异常。利用这一特性，有研究者开发了基于油膜电阻的健康监测管理技术，对滚动轴承的磨损、腐蚀类的损伤和润滑状态进行监测和诊断。该方法的局限性是，不适用于表面剥落、裂纹、压痕等异常的诊断，只适用于旋转轴外露的场合。

1.3.6　基于光纤信号的健康监测管理

基于光纤信号的健康监测管理技术是在光纤束制成的位移传感器的帮助下，直接从滚动轴承的套圈表明提取轴承工作状态信号的诊断技术。其实现的原理如下：位移传感器的光纤束包含发射光纤束和接收光纤束，光由发射光纤束发射，通过传感器端面和轴承套圈表面的间隙，然后再反射回来，由接收光纤束接收。接收到的光包含了轴承的工作状态，对接收到的光经光电元件转换成电信号。分析处理上述电信号，可以评估轴承工况。光纤位移传感器的灵敏度较高，可以直接从轴承表面提取轴承工况信号，因此该项技术提高了信噪比，能够直接反映滚动轴承的表面磨损程度、制造质量、承受载荷、润滑状态和裂纹间隙情况[25]。该项技术适用于能够将光纤位移传感器安装在轴承座内的设备诊断。

1.4　滚动轴承健康监测管理的发展历程

前面所述的滚动轴承健康监测管理，随着科学技术和工业技术的迅速发展，各种健康监测管理方法不断产生、发展和完善，总体上经历了如下 5 个阶段[26-28]。

第一阶段：诊断设备为听音棒等仪器仪表。采用听音棒来获取运行中的滚动轴承发出的声学信号，靠训练有素的人来诊断轴承的工作状态。诊断过程中，受听音者的主观因素的影响较大，诊断的准确性差，可靠性低。

第二阶段：诊断设备为频谱分析仪。通过振动信号的频谱分析来监测和诊断滚动轴承健康状态。主要的频谱分析技术为快速傅里叶变换（Fast Fourier Transform，FFT），该技术的出现推动了滚动轴承信号的频谱分析的发展。然而正如前所述，快速傅里叶变换仅适用于平稳振动信号，对非平稳振动信号效果很差。由于采集的振动信号背景噪声太大，频谱分析仪在进行频谱分析后得到的轴承故障特征频率不明显，加上频谱分析仪价格比较昂贵，并且需要掌握技术的专业人员来操作，频谱分析仪未得到广泛应用，这一阶段的轴承故障诊断技术还未真正走向实用化。

第三阶段：诊断设备为冲击脉冲计等。基于冲击脉冲技术监测和诊断滚动轴承的健康状态。当滚动轴承存在缺陷，如磨损缺陷、裂纹、疲劳剥落时，运行过程中会产生冲击，导致滚动轴承脉冲性振动，产生高频压缩波。瑞典 SPM 仪器公司利用此原理，开发了用于轴承故障诊断的冲击脉冲计，有效地检测出轴承早期损伤类故障，并且不需要进行频谱分析，使用灵活方便，得到广泛应用。目前，基于该原理的故障诊断设备已大量实现了工业应用。

第四阶段：诊断设备为共振解调分析系统。利用共振解调技术可以诊断滚动轴承的健康状态，在运行过程中，如果轴承元件表面有局部损伤类故障，如压痕、剥落、点蚀或裂纹，那么轴承损伤点会与其相接触的其他元件表面产生撞击，产生冲击力。该冲击力有如下特点：作用时间短，冲击信号频带宽。因此会激励轴承座、传感器、轴承等相关结构的共振。在阻尼作用下，上述共振在下一次冲击力到来之前通常会衰减掉，从而形成一个由多个脉冲响应构成的脉冲链，并在轴承振动信号中得以体现[17]。从复杂的振动信号中，利用共振解调技术提取脉冲响应特征，已广泛用于滚动轴承循环冲击类故障检测。该技术最先见于美国学者D.R.Hacting 发明的专利“共振解调分析系统”。连续小波变换和离散小波变换都已被用作共振解调的滤波器[29]。通过对振动信号进行放大、滤波，共振解调技术有效地提高了故障信号的信噪比。共振解调技术既要包络分析幅值信号，还要分析冲击引起的高频谐振的幅值，能够判断故障严重程度，以及故障发生的部位，结合包络频谱分析技术，可诊断早期的轻微故障[26]。

第五阶段：诊断设备为信息技术驱动下的智能健康管理系统。计算机科学技术的高速发展，造就了计算机强大的信息处理能力。在强大的计算机计算能力驱动下，信号处理与分析技术得到了快速发展，人工智能广泛用于滚动轴承的故障诊断，神经网络、支持向量机、粗糙集、深度学习等先进的机器学习技术与故障诊断技术相结合，在数据驱动下实现滚动轴承的智能诊断。信息技术支撑下的滚动轴承智能健康管理系统更加灵活、智能、精确和迅速，在《中国制造 2025》背景下将得到更广泛的推广。

1.5　基于振动信号的滚动轴承智能
健康监测管理研究现状

滚动轴承的健康监测管理系统通常包含三个阶段：故障识别（Fault Detection）、故障诊断（Fault Diagnosis）和剩余寿命预测（Remaining Useful Life Prediction）。相对而言，大多数研究者更多关注于前两个阶段。随着研究的深入和智能故障诊断的需求，剩余寿命预测也成为整个健康监测管理系统的有机组成部分。在滚动轴承的健康监测管理领域，Gustafssonde 等采集轴承运行状态下的振动信号，然后通过将正常信号的幅值和收集的振动信号幅值进行对比来判断滚动轴承是否出现异常[26]；Wheeler 和 Martin 通过频谱分析仪所得的结果与数学公式计算得到的振动频率来判断滚动轴承状态是否正常[27-28]；Rao 等对利用人工神经网络方法进行滚动轴承故障诊断与分类的研究做了综述总结[29]；包络分析技术被广泛应用于滚动轴承故障诊断中，Wang 等提出应用包络分析技术来进行故障诊断[30]；Ho 等将自适应降噪技术与包络分析技术相结合，降低了噪声的干扰，能够更有效地提取出轴承故障特征信号，使得故障诊断结果更加精确[31]；Li 等通过分析疲劳裂纹扩展模型和诊断模型间的映射关系，采用非线性递推最小二乘法，以预测轴承故障尺度的大小[32]。

Li 等通过时域与频域分析和神经网络相结合的方式，对滚动轴承进行故障诊断[33]。Antoni 在给出谱峭度图的定义后，又对谱峭度图的应用做了大量的研究，并将其应用于滚动轴承及齿轮的监测与故障诊断中，随后又提出快速谱峭度图算法[34]，提高了谱峭度方法的实用性。Wang 提出一种自适应谱峭度方法并成功诊断了同一轴承多故障情况或不同设备同时有故障的情况[35]。Guo 等将嵌入的经验模态分解（Embedded Empirilcal Mode Decomposition，EEMD）方法与谱峭度方法结合，首先对信号由谱峭度方法滤波后再做 EEMD，实验证明，这种方法在较强的噪声干扰情况下也能取得较好的轴承故障诊断效果[36]。目前比较热门的技术是利用深度学习方法来实现故障诊断，例如，卷积神经网络（Convolutional Neural Network，CNN）[37]、深度信念网络（Deep Belief Network，DBN）[38]在齿轮箱的故障识别与诊断上，都取得了较好的实验效果。

滚动轴承的剩余寿命预测方法主要分为两类，一类是基于模型的，另一类是由数据驱动的[39]。基于模型的方法是通过建立一个综合性的、可理解的数学模型来描述系统状态的内在演化规律。常用的模型有马尔可夫过程模型[40]、Winner 过程模型[41]、指数衰减模型[42]及 Pairs 定律模型[43]等。但是，基于模型的方法由于复杂系统在不同的运行状态下，其内在系统状态的参数分布和故障模式通常表现出不同的形式，导致这些模型具有一定局限性而不能广泛应用于工业实践中。由数据驱动的预测方法通过采集设备运行状态下的实时振动数据，根据特征数据的衰减趋势来预测系统未来的运行状态与剩余寿命，其预测结果的精确程度依赖于数据的数量和质量。常用的基于数据驱动的预测方法有人工神经网络（Artificial Neural Network，ANN）、支持向量机（Support Vector Machine，SVM）、卡尔曼滤波（Kalman Filtering，KF）和粒子滤波（Particle Filtering，PF）等，可以先对振动信号进行小波分解，然后结合神经网络技术进行轴承故障预测[44, 45]。康守强等应用经验模态分解（Empirical Mode Decomposition，EMD）和支持向量机相结合的方法进行轴承故障诊断并取得较好效果[46]。何群等提出了一种基于多变量极限学习机（Multi-Variable Extreme Learning Machine，MELM）和主成分分析（Principal Component Analysis，PCA）的轴承剩余寿命预测方法[47]。主成分分析被用来融合多个轴承运行状态特征，消除特征间的冗余性和相关性，在单变量极限学习机的基础上构建多变量极限学习机模型，有效提高了轴承剩余寿命的预测精度[48]。姜涛等提出基于相对特征和多变量支持向量机的滚动轴承剩余寿命预测方法，该方法运用相关分析选取敏感特征，构造融合多变量回归和小样本预测双重优势的模型，预测轴承剩余寿命[45]。文献[49]应用递归定量分析（Recurrence Quantification Analysis，RQA）与卡尔曼滤波结合的方法来预测轴承剩余寿命；卡尔曼滤波只适用于系统状态满足高斯分布情况，但大多数系统是非线性非高斯的复杂状态，因此文献[50,51]通过提取合适特征指标来描述轴承内在状态退化，然后利用粒子滤波算法预测轴承剩余寿命，取得较好的效果。

滚动轴承健康监测管理技术发展到今天，已经形成一门跨学科的综合信息处理技术。设备的维护管理经历了事后维修（Failure-Based Maintenance，FBM）和可预防性维护（Preventive Maintenance，PM）等阶段后，正快速向可预测性维护（Predictive Maintenance，PDM）方向发展。广义的预测性维护是一个系统的过程，通盘考虑设备状态监测、状态预测、故障诊断和维修决策整个维护过程，多位融合一体，属于预测与健康管理的范畴。

在《中国制造 2025》框架下，预测性维护内涵更加丰富，具体包括如下内容[52]。

（1）及时发现并给出故障详情，准确确定故障类型、发生的部位及故障程度。

（2）针对不同部位、不同类型和不同严重程度的故障，制定相应健康管理决策方案。

（3）可以预测设备的使用寿命、运行状态和故障发生趋势。

（4）维修决策以减少维修费用和提高设备利用率为宗旨。

（5）具备自动削弱、切换、补偿、消除和修复故障能力，当设备出现故障时，能够保证设备继续完成其规定功能，尽量接近正常工作时的性能。

在工业 4.0 背景下，制造业高度智能化，以信息物理系统（Cyber-Physical System）为基础的智能工厂，海量数据驱动下的可预测性维护状态数据将向更大、更宽（多模数据融合）、更高（高维学习）方向发展。在此背景下，滚动轴承的健康监测管理面临如下发展趋势。

（1）多种信号处理技术融合。单一的信号处理技术，难以满足日益复杂的设备故障诊断要求，虽然经典的傅里叶变换仍然还有扩展空间，但是各种信号处理技术与人工智能技术相互融合是设备故障诊断的发展方向[52]。

（2）机器学习在智能诊断中占据重要地位。神经网络、专家系统、模糊理论、深度学习、贝叶斯网络等机器学习技术已经广泛应用于滚动轴承状态的特征学习与分类识别。在大数据驱动下的滚动轴承健康监测管理系统中，机器学习技术将会得到越来越广泛的应用。

（3）深度学习作为一种具有潜力的健康监测管理工具，将在特征提取和识别领域，朝着更深、鲁棒性方向发展，更有效地处理更大、更宽的轴承健康状态数据。

（4）物联网技术的发展将推动远程状态监测系统的广泛应用。

参 考 文 献

[1] 中华人民共和国国务院. 国家中长期科学和技术发展规划纲要（2006—2020 年）[EB/OL]. 2006[2017-11-03]. http://www.most.gov.cn/mostinfo/xinxifenlei/gjkjgh/200811/t20081129_65774.htm.

[2] 张磊. 滚动轴承故障程度和工况不敏感智能诊断方法研究[D]. 南昌：华东交通大学，2016.

[3] 李兴林，张仰平，曹茂来，等. 滚动轴承故障监测诊断技术应用进展[J]. 工程与试验，2009，49(4)：1-6.

[4] 佚名. 轴承故障监测诊断技术新进展[EB/OL]. 2017[2017-11-03]. http://wenku.baidu.com.

[5] 李俊卿. 滚动轴承故障诊断技术及其工业应用[D]. 郑州：郑州大学，2010.

[6] 朱军. 滚动轴承非平稳信号故障诊断若干方法研究[D]. 合肥：中国科学技术大学，2016.

[7] 熊庆. 列车滚动轴振动信号的特征提取及诊断方法研究[D]. 成都：西南交通大学，2015.

[8] 王德丽. 基于改进 HHT 与 SVM 的滚动轴承故障诊断方法研究[D]. 北京：北京交通大学，2016.

[9] 刘志军，陈捷. 回转支承的故障监测诊断技术研究[J]. 现代制造工程，2011，(11)：127-131.

[10] 王锦. 基于电流及振动信号的电机滚动轴承故障诊断研究[D]. 青岛：青岛理工大学，2014.

[11] 周莹. 基于 MIV 特征筛选和 BP 神经网络的滚动轴承故障诊断技术研究[D]. 北京：北京交通大学，2011.

[12] 陈仲生. 直升机旋转部件故障特征提取的高阶统计量方法研究[D]. 长沙：国防科学技术大学，2004.

[13] 陈进，姜鸣. 高阶循环统计量理论在机械故障诊断中的应用[J]. 振动工程学报，2001，14(2)：126-134.

[14] Fan X，Liang M，Yeap T. A joint time invariant wavelet transform and kurtosis approach to the improvement of inline oil debris sensor capability [J]. Smart Materials and Structures，2009，18(8)：085010.

[15] 彭娟，李川. 基于最优分解的时不变小波变换的油液磨粒特征提取方法[J]. 润滑与密封，2013，38(9)：54-59.

[16] 彭娟，李川. 基于最大重叠离散小波变换的油中颗粒污染物特征信号提取[J]. 重庆工商大学学报（自然科学版），2013，30(6)：24-28.

[17] Li C，Liang M. Extraction of oil debris signature using integral enhanced empirical mode decomposition and correlated reconstruction[J]. Measurement Science and Technology，2011，22(8)：085701.

[18] Mathews J R. Acoustic Emission[M]. New York：Gordon and Breach Science Publishers Inc.，1983.

[19] 王晓伟. 基于声发射技术的旋转机械碰摩故障诊断研究[D]. 哈尔滨：哈尔滨工业大学，2009.

[20] 理华，季皖东. 滚动轴承声发射检测技术[J]. 轴承，2002，(7)：24-26.

[21] 印欣运. 声发射技术在旋转机械碰摩故障诊断中的应用[D]. 北京：清华大学，2005.

[22] 从云飞. 基于滑移向里序列奇异值分解的滚动轴承故障诊断研究[D]. 上海：上海交通大学，2012.

[23] 张龙，熊国良，黄文艺. 复小波共振解调频带优化方法和新指标[J]. 机械工程学报，2015，53(3)：129-138.

[24] 朱可恒. 滚动轴承振动信号特征提取及诊断方法研究[D]. 大连：大连理工大学，2013.

[25] 杨潘. 基于局部特征尺度分解的滚动轴承故障诊断方法[D]. 长沙：湖南大学，2014.

[26] Gustafsson O G，Tallian T. Detection of damage in assembled rolling element bearings[J]. Asle Transactions，1962，5(1)：197-209.

[27] Wheeler P G. Bearing analysis equipment keeps downtime down[J]. Plant Engineering，1968，25：87-89.

[28] Martin R L. Detection of ball bearing malfunctions[J]. Instruments and Control Systems，1970，43(12)：79-82.

[29] Rao B K N，Pai P S，Nagabhushana T N. Failure diagnosis and prognosis of rolling-element bearings using artificial neural networks：A critical overview[J]. Journal of Physics：Conference Series，2012，364(1)：012023.

[30] Wang Y F，Kootsookos P J. Modeling of low shaft speed bearing faults for condition monitoring[J]. Mechanical Systems and Signal Processing，1998，12(3)：415-426.

[31] Ho D，Randall R B. Optimisation of bearing diagnostic techniques using simulated and actual bearing fault signals[J]. Mechanical Systems and Signal Processing，2000，14(5)：763-788.

[32] Li Y，Kurfess T R，Liang S Y. Stochastic prognostics for rolling element bearings[J]. Mechanical Systems and Signal Processing，2000，14(5)：747-762.

[33] Li B，Chow M Y，Tipsuwan Y，et al. Neural-network-based motor rolling bearing fault diagnosis[J]. IEEE Transactions on Industrial Electronics，2000，47(5)：1060-1069.

[34] Antoni J. Fast computation of the kurtogram for the detection of transient faults [J]. Mechanical Systems and Signal Processing，2007，21(1)：108-124.

[35] Wang Y，Liang M. Identification of multiple transient faults based on the adaptive spectral kurtosis method[J]. Journal of Sound and Vibration，2012，331(2)：470-486.

[36] Guo W，Peter W T，Djordjevich A. Faulty bearing signal recovery from large noise using a hybrid method based on spectral kurtosis and ensemble empirical mode decomposition[J]. Measurement，2012，45(5)：1308-1322.

[37] Chen Z Q，Li C，Sanchez R V. Gearbox fault identification and classification with convolutional neural networks[J]. Shock and Vibration，2015，(2)：1-10.

[38] Chen Z Q，Li C，Sánchez R V. Multi-layer neural network with deep belief network for gearbox fault diagnosis[J]. Journal of Vibroengineering，2015，17(5)：2379-2392.

[39] Liu J，Wang W，Ma F，et al. A data-model-fusion prognostic framework for dynamic system state forecasting[J]. Engineering Applications of Artificial Intelligence，2012，25(4)：814-823.

[40] Dui H，Si S，Zuo M J，et al. Semi-Markov process-based integrated importance measure for multi-state systems[J]. IEEE Transactions on Reliability，2015，64(2)：754-765.

[41] Si X S，Wang W，Hu C H，et al. Remaining useful life estimation based on a nonlinear diffusion degradation process[J]. IEEE Transactions on Reliability，2012，61(1)：50-67.

[42] Gebraeel N. Sensory-updated residual life distributions for components with exponential degradation patterns[J]. IEEE Transactions on Automation Science and Engineering，2006，3(4)：382-393.

[43] Liu T. An integrated bearing prognostics method for remaining useful life prediction [D]. Montreal：Concordia University，2013.

[44] 王学东，张文志. 基于小波变换的滚动轴承故障诊断[J]. 中国机械工程，2012，(3)：295-298.

[45] 姜涛，袁胜发. 基于改进小波神经网络的滚动轴承故障诊断[J]. 华中农业大学学报，2014，33(1)：131-136.

[46] 康守强，王玉静，杨广学，等. 基于经验模态分解和超球多类支持向量机的滚动轴承故障诊断方法[J]. 中国电机工程学报，2011，31(14)：96-102.

[47] 何群，李磊，江国乾，等. 基于 PCA 和多变量极限学习机的轴承剩余寿命预测[J]. 中国机械工程，2014，25(7)：984-989.

[48] 滕丽丽，唐涛，王明锋. 基于振动分析的滚动轴承故障诊断技术概述及发展趋势[J]，科技信息，2011，23：123-124.

[49] 苏晓丹. 三相感应电机故障诊断及容错控制研究[D]. 无锡：江南大学，2008.

[50] 王瑞阳. 信息融合技术在系统故障诊断中的应用研究[D]. 哈尔滨：哈尔滨工程大学，2008.

[51] 肖勇. 面向航天的多源信息流系统综合诊断与容错研究[D]. 上海：东华大学，2010.

[52] 岳建海，裘正定. 信号处理技术在滚动轴承故障诊断中的应用与发展[J]. 信号处理，2005，21(2)：185-190.

第2章　滚动轴承健康退化的振动特征

温度监测对于早期轻微的故障并不敏感，在一定程度上只能监测比较严重的故障。声学监测容易受到环境中各种噪声的干扰，尽管能够发现早期轻微故障，并且可以实现非接触式测量，但其因为技术难度高，尚未成熟应用。油膜电阻监测应用面较窄，因为该技术对滚动轴承的结构形式要求较高，难以广泛应用于滚动轴承的健康监测管理中。相对而言，振动监测更为便利。在运行过程中，即便是正常的滚动轴承也会产生振动。如果滚动轴承的某个零部件健康退化出现故障，或者自身结构出现状况如滚子的粗糙度、装配误差、几何误差、内圈滚道、外圈滚道表面问题等，都会导致滚动轴承产生振动。实际运行中，传感器采集到的振动信号通常是各种因素叠加后的综合振动。振动信号获取比较容易，对早期轻微弱的故障有较高的敏感度。目前存在多种与振动信号相关的分析与处理技术，基于振动信号分析的滚动轴承状态监测是滚动轴承健康监测管理领域研究的重点，也是智能健康管理的主要趋势。因此，本章重点阐述滚动轴承健康退化过程中振动的发生机制及振动信号的特征。

2.1　滚动轴承的健康退化类型

滚动轴承健康退化受结构不良的影响。结构不良主要包括装配不当、润滑不良及材质不良，这些结构不良都可能会导致滚动轴承的过早损坏。影响滚动轴承健康退化的另外一个主要因素是一定强度的变载荷通过系统各零部件作用在滚动轴承上。除此之外，环境因素如异物侵入、水分侵入、化学腐蚀及载荷过载等，都会影响轴承的寿命。即便是正常运行情况下，随着运转时间的增加，疲劳剥落和磨损等故障形式也会出现[1-8]。滚动轴承的健康退化表现在内圈故障、外圈故障、滚动体故障和保持架故障上，常见的健康退化有疲劳剥落、磨损、塑性变形、腐蚀、断裂、胶合及保持架损坏等[1-3, 9]。

1. 疲劳剥落

滚动轴承承受的接触应力不断变化着，量大且多次重复，这是导致疲劳剥落的主要原因。机械系统运行中，承受载荷的滚动轴承的内圈滚道、外圈滚道和滚动体表面，还发生相对滚动。在交变载荷作用下，在内外圈滚道和滚动体表面首先会慢慢地形成具有一定深度的裂纹，随后逐渐扩展到接触表面，引起表层产生剥落坑，进而导致滚动体和滚道的表面出现大片剥落。在轴承运转时，这种剥落现象会产生冲击载荷，使轴承运行时噪声增强、振动加剧[3, 4, 10]。

2. 磨损

磨损是另外一种常见的滚动轴承故障形式。轴承滚道、滚动体、保持架、座孔、安装轴承的轴颈，都存在杂质异物侵入的可能，机械作用会引起表面磨损。轴承磨损的基本原因是磨粒的存在，润滑不良会加剧磨损。磨损会导致表面粗糙、轴承游隙增大，从而使轴承运行时噪声增强、振动加剧。

3. 塑性变形

过大的静载荷和冲击载荷作用到轴承上，或者硬质异物落入滚道，均会在内圈滚道、外圈滚道表面上形成划痕或凹痕。在轴承运转过程中，上述压痕引起冲击载荷，将会进一步导致压痕附近的表面剥落。在短时超载或载荷的累积作用下，都有可能导致轴承塑性变形。

4. 腐蚀

轴承腐蚀的主要原因如下：润滑油、水或空气中水分引起轴承表面化学腐蚀或锈蚀；当有较大的电流通过轴承内部时，会造成电腐蚀；轴承套圈在座孔中或轴颈上微小的相对运动，在微动磨损与腐蚀协同作用下对轴承造成微振腐蚀。

5. 断裂

常见的轴承断裂原因有[11]：装配方法、装配工艺不当；过高的载荷或疲劳；磨削、装配不当和热处理导致的残余应力；热应力过大，等等。

6. 胶合

一个零部件表面上的金属黏附到另一个零部件表面上的现象被称之为胶合[7]，轴承胶合通常指的是轴承内外圈滚道和滚动体的表面因为受热而发生局部融合。如果滚动轴承工作在润滑不良或高速重载的工况下，由于摩擦产生大量的热量，在极短时间内滚动体、轴承内外圈等元件的温度快速上升，最终导致轴承内外圈和滚动体表面烧伤，引起胶合。

7. 保持架损坏

保持架如果使用或装配不当，也会引起变形。一旦保持架变形，滚动体与保持架之间的摩擦会增加，严重的时候会卡死滚动体，造成内外圈与保持架发生摩擦。保持架损伤会进一步加剧振动、增强噪声与发热，引发轴承故障。

2.2　滚动轴承运行的振动发生机制

2.2.1　滚动轴承的振动基本参数

1. 滚动轴承典型结构

滚动轴承典型结构如图 2-1 所示，由外圈、内圈、滚动体和保持架共同组成，滚动体按形状可分为球轴承和滚子轴承，滚子轴承又可分为圆柱滚子、滚针、滚子、圆锥滚子、调心滚子（球面滚子）等类型。滚动轴承的主要几何参数包括[1-3]：滚动体中心所在的圆的直径，即轴承节圆直径 D；滚动体的平均直径 d；内圈滚道的平均半径 r_1；外圈滚道的平均半径 r_2；滚动体受力方向与内外圈滚道垂直线的夹角，即接触角 α；滚动体的数目 n。

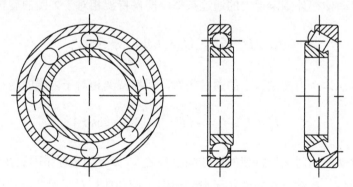

图 2-1　滚动轴承典型结构

2. 滚动轴承工作时各点的转动速度

为了分析滚动轴承的各部分运动参数，假设如下：承受轴向和径向载荷时各部分没有变形；滚动体与内、外圈滚道之间没有相对滑动；滚动体均匀分布在内外圈滚道之间，并且每个滚动体有相同直径；外圈滚道旋转频率为 f_o；轴承外圈固定，轴的旋转频率，即内圈的旋转频率为 f_s；滚动体的公转频率，即保持架的旋转频率为 f_c。

基于上述假设，运行过程中的滚动轴承各点的转动速度分别计算如下[3]。

内圈滚道上某一点的速度如式（2-1）所示：

$$V_i = 2\pi r_1 f_s = \pi f_s (D - d \cos\alpha) \tag{2-1}$$

外圈滚道上某一点的速度如式（2-2）所示：

$$V_o = 2\pi r_2 f_o = \pi f_o (D + d \cos\alpha) \tag{2-2}$$

保持架上某一点的速度如式（2-3）所示：

$$V_c = \frac{1}{2}(V_i + V_o) = \pi f_c D \tag{2-3}$$

3. 滚动轴承的特征频率

利用振动信号对轴承故障进行诊断，关键是计算滚动轴承的特征频率。基于上述假设及式（2-1）～式（2-3），以下三式计算了滚动轴承的有关特征频率[3]。

滚动体的公转频率，也是保持架的旋转频率为

$$f_c = \frac{V_i + V_o}{2\pi D} = \frac{1}{2}\left[\left(1 - \frac{d}{D}\cos\alpha\right)f_s + \left(1 + \frac{d}{D}\cos\alpha\right)f_o\right] \tag{2-4}$$

单个滚动体在外圈滚道上的通过频率，即保持架相对于外圈的旋转频率为

$$f_{oc} = f_o - f_c = \frac{1}{2}(f_o - f_s)\left(1 - \frac{d}{D}\cos\alpha\right) \tag{2-5}$$

单个滚动体在内圈滚道上的通过频率，即保持架相对于内圈的转动频率为

$$f_{ic} = f_s - f_c = \frac{1}{2}(f_o - f_s)\left(1 + \frac{d}{D}\cos\alpha\right) \tag{2-6}$$

假设滚动体相对于保持架的旋转频率为 f_{bc}，如果动坐标系固定在保持架上，并以此来观察，滚动体在内圈作无滑动滚动，滚动体相对于保持架的旋转频率与滚动体在内圈滚道上的通过频率之比 $\frac{f_{bc}}{f_{ic}}$ 和 $d/2r_1$ 成反比，即

$$\frac{f_{bc}}{f_{ic}} = \frac{2r_1}{d} = \frac{D - d\cos\alpha}{d} = \frac{D}{d}\left(1 - \frac{d}{D}\cos\alpha\right) \tag{2-7}$$

由此可得，滚动体的自转频率是滚动体相对于保持架的旋转频率，即滚动体通过内圈滚道或外圈滚道的频率 f_{bc} 计算如下：

$$f_{bc} = \frac{D}{2d}(f_s - f_o)\left[1 - \left(\frac{D}{d}\right)^2 \cos^2 \alpha\right] \tag{2-8}$$

在实际工作情况中，定义滚动轴承外、内圈的相对转动频率如下：

$$f_r = f_s - f_o$$

通常情况下，固定滚动轴承外圈，内圈旋转，所以有 $f_o = 0$，由此可得

$$f_r = f_s - f_o = f_s$$

综上所述，对于有 Z 个滚动体的滚动轴承，分别如式（2-9）～式（2-11）所示计算滚动轴承的特征频率。

在内圈滚道上滚动体的通过频率 Zf_{ic} 为

$$Zf_{ic} = \frac{1}{2}Z\left(1 + \frac{d}{D}\cos\alpha\right)f_r \tag{2-9}$$

在外圈滚道上滚动体的通过频率 Zf_{oc} 为

$$Zf_{oc} = \frac{1}{2}Z\left(1 - \frac{d}{D}\cos\alpha\right)f_r \tag{2-10}$$

在保持架上滚动体的通过频率 f_{bc} 为

$$f_{bc} = \frac{D}{2d}\left(1 - \left(\frac{d}{D}\right)^2 \cos^2 \alpha\right)f_r \tag{2-11}$$

4. 滚动轴承的故障特征频率

基于式（2-4）～式（2-11），滚动轴承的故障特征频率分别计算如下。

如果内圈滚道上有缺陷，那么 Z 个滚动体滚过该缺陷时的频率为

$$\mathrm{BPFI} = f_i = Zf_{ic} = \frac{1}{2}Z\left(1 + \frac{d}{D}\cos\alpha\right)f_r \tag{2-12}$$

如果外圈滚道上有缺陷，那么 Z 个滚动体滚过该缺陷时的频率为

$$\mathrm{BPFO} = f_o = Zf_{oc} = \frac{1}{2}Z\left(1 - \frac{d}{D}\cos\alpha\right)f_r \tag{2-13}$$

如果单个有缺陷的滚动体每自转一周，只冲击外圈滚道（或外圈）一次，那么滚动体有缺陷时的特征频率为

$$\mathrm{BSF} = f_{\mathrm{RS}} = f_{\mathrm{bc}} = \frac{D}{2d}\left(1-\left(\frac{d}{D}\right)^2\cos^2\alpha\right)f_{\mathrm{r}} \tag{2-14}$$

5. 滚动轴承的固有频率

工作中的滚动轴承，滚动体与内外圈之间都可能产生冲击，从而导致滚动轴承的各元件的固有振动。各元件的固有振动的频率称之为相应各部分的固有频率。受安装状态的影响，通常滚动轴承的固有频率可达几千赫兹到几万赫兹。

在固有振动中，内外圈的振动表现最明显。各元件的固有频率与轴的转速无关，而与轴承的材料、外形和质量有关。

在自由状态下，径向弯曲振动情形，套圈的固有频率计算如下：

$$f_k = \frac{4}{D^2}\sqrt{\frac{EIg}{\rho A}}\times\frac{k(k^2-1)}{2\pi\sqrt{k^2+1}} \tag{2-15}$$

式中，E 为轴承材料弹性模量，钢材为 210 GPa；I 为套圈横截面的惯性矩，单位为 mm^2；g 为重力加速度，$g=9800$ mm/s^2；A 为套圈横截面积，单位为 mm^2；k 为振动阶数，$k=2, 3, \cdots$；D 为套圈横截面中性轴直径；ρ 为材料密度，钢材密度为 7.86×10^3 kg/m^3。

此外，滚动体的固有频率为

$$f_{\mathrm{bk}} = 0.212\frac{Eg}{R\rho} \tag{2-16}$$

式中，R 为滚动体半径。

2.2.2　正常滚动轴承的振动分析

如前所述，正常的轴承也存在振动，加工误差、制造装配误差、轴承本身结构和轴承刚度非线性，都会使正常轴承产生噪声和振动。

1. 加工误差引起的振动

从加工误差的角度来观察滚动轴承，内、外圈滚道面及滚动体面存在波纹度和粗糙度是不可避免的。这些加工误差会导致滚动轴承产生一定程度上的振动。一般来说，加工误差产生的振动是高频振动，其频率要远远高于滚动体在滚道面上的通过频率。这种高频振动既会引起滚动轴承的径向振动，在一定条件下还会引起轴向振动[1]。

2. 制造装配误差引起的振动

制造装配误差同样会引起轴承振动，比如，存在滚道偏心或者游隙过大。这种装配误差引起的振动，其频率一般为转频数的整倍，即 nf_n（$n=1,2,\cdots$），这里 f_n 表示轴的旋转频率。

滚动体大小不一致，同样会导致滚动轴承的轴心变动，还有支承刚度的变化，因而也会引发轴承振动[12, 13]。该振动的频率通常高达 1000 Hz 以上。该振动频率也与保持架旋转频率、转频密切相关，其振动频率为 f_c 和 $nf_c \pm f_n$，$n=1,2,\cdots$。这里 f_c 表示保持架旋转频率，f_n 表示轴旋转频率[1, 3]。

轴弯曲会引起轴上装配轴承的偏移，也会导致轴承振动。该类型的振动频率通常为 $nf_c \pm f_n(n=1,2,\cdots)$，与轴的转频和保持架旋转频率密切相关[3]。

3. 轴承本身结构引起的振动

从滚动轴承结构上讲，由于滚动体相互之间存在一定的间距，即使滚动轴承各零部件加工、制造、装配无误差，滚动轴承运转时在径向负载作用下产生的时变的径向刚度，从而导致滚动轴承会产生振动。如果滚动轴承的内圈转动，每次滚动体通过载荷作用线，会产生相应的周期振动。该周期振动还会传递到滚动轴承的外圈和轴座上，这个振动的频率被称为滚动体在轴承外圈上的通过频率。

4. 轴承刚度非线性引起的振动

滚动轴承的轴向刚度常呈非线性，是引起分数谐频振动和倍频振动的重要原因。尤其当润滑不良时，轴承刚度非线性可能会产生异常的轴向振动。该类振动为自激振动，经常发生在深沟球轴承上，滚柱轴承和自调心球轴承很少发生。刚度曲线是影响该类振动频率的最大因素，如果是非对称非线性刚度曲线，振动频率为分数谐频，如 f_n，$f_n/2$，$f_n/3$，$\cdots$；如果是对称非线性刚度曲线，振动频率是轴旋转频率的倍频，如 f_n，$2f_n$，$3f_n$，$\cdots$[3]。

2.2.3　滚动轴承健康退化引起的振动分析

健康退化的故障轴承与正常轴承比较，其振动特征变化明显。一般来说，有故障的滚动轴承，其在运行中的振动信号具有调幅特性。滚动轴承的每一个零部件按照自己的固有频率进行振动，调制频率指的是与故障有关的通过频率，载波频率则来自固有振动信号的高频部分。如果滚动轴承的故障位置不同，那么调制频率也不同，滚动轴承的振动特性也因故障位置不同而不完全一致。

1. 滚道表面有缺陷

滚动轴承转动过程中滚动体与滚道表面接触，如果滚道表面有缺陷，会产生冲击，整个滚动轴承系统被引起强迫振动，以至于产生一连串的衰减响应，诱发整个滚动轴承系统共振，促使滚动轴承产生非平稳振动信号[1]。

2. 外圈点蚀故障

在轴承运行过程中，滚动体通过存有点蚀的轴承外圈，点蚀处也会产生冲击力，该力可通过如下公式计算[1]：

$$F(t) = \sum_{k=-\infty}^{+\infty} I(t)\delta(t - kT_0) \qquad (2\text{-}17)$$

式中，$T_0 = 1/(Zf_0)$ 为冲击时间间隔，Z 为滚动体个数；$I(t)$ 为冲击强度。

3. 内圈点蚀故障

与滚动轴承外圈类似，如果滚动轴承内圈存在点蚀故障，也会产生冲击。故障点随着内圈随轴转动，相对位置随时间而变化，一个整周期内的冲击力的大小也是时变的，难以用公式直接描述。但是该冲击力可被认为具有周期性特点，以轴的旋转作为周期，相当于转频调制。同时该冲击力还受到保持架旋转频率 f_c 的调制[1]。

4. 滚动体点蚀故障

滚动体如果存在点蚀故障，也会产生冲击力。当滚动体损伤点与外圈或内圈接触时将产生冲击力。保持架旋转频率 f_c 同样会对该冲击力进行调制。比如，损伤点处的载荷密度函数以保持架旋转频率为重复频率，滚动体的损伤点处的传递函数亦是如此。

5. 疲劳剥落损伤

在滚道表面上形成的局部损伤如剥落、压痕、裂纹，都可以称为广义上的疲劳剥落损伤。存在疲劳剥落损伤的轴承，在运行中将会产生微秒级的脉冲冲击。此类脉冲激发了一个相当宽的频域，其频谱范围为 100 Hz～500 kHz，这意味着该冲击可以启发其滚动轴承系统的固有振动，进而引发共振。冲击脉冲的周期取决于碰撞的频率，碰撞频率等于滚动体在滚道上的通过频率或滚动体自转频率。

6. 磨损故障

滚动轴承磨损带来的影响是振动加速度缓慢上升，振动信号出现较强的随机性，假设滚动轴承没有疲劳剥落损伤，振动信号的幅值比初值要大许多倍[14]。

有损伤点的固定外圈，假设载荷作用方向保持不变，载荷和损伤点的相对位置保持不变，则每次碰撞会有相同强度。

有损伤点的内圈，假设载荷作用方向保持不变，滚动轴承的内圈转动时，载荷和损伤点的相对位置呈周期性变化，每次碰撞强度有所不同，振动信号的幅值也呈周期性的强弱变化，内圈的转频决定这个周期的长短。

有损伤点的滚动体，与内圈有损伤点的振动情况类似，振动信号的幅值呈周期性的强弱变化，滚动体的公转频率决定该周期长短。

工作面有均匀磨损的滚动轴承，振动信号杂乱无章，没有可循规律，没有明显的故障特征频率，仅振动信号的幅值有明显变大。该振动性质与正常轴承振动有很多相似点，因此可以使用振动的均方根值作为指标，来诊断轴承的工作状态[15, 16]。

7. 胶合故障

胶合故障是滚动轴承工作表面烧伤发展的最终结果。在烧伤过程中，通常伴随着间断性的冲击振动，可以用 4 个阶段来描述胶合故障的发展过程。第一阶段，振动加速度值会略微下降，温度成缓慢上升状态；第二阶段，振动加速度值急剧上升，温度有小幅下降；第三阶段，振动加速度值再次成急剧上升状态，温度也跟着急剧上升；第四阶段，润滑开始出现不良，最终发展成润滑失效，导致滚动轴承各元件直接滑动，振动幅度和温度继续明显增大，最终产生胶合故障[1]。

2.3　振动信号的状态特征

如前所述，无论是性能退化或包含有故障的滚动轴承，还是正常的滚动轴承，其运转中采集到的振动信号，都包含了丰富的滚动轴承健康状态信息。一旦滚动轴承出现某种故障时，其振动信号会被调制，在很大程度上，调制信号频率反映出了滚动轴承在运行中的健康状态[1]。

从采集振动信号的传感器安装获取方式来看，将传感器嵌入到轴承中的情况很少，在轴承座上安装传感器的情况居多。因此，存在传递路径和结构振动等因素的干扰，噪声也不可避免。当故障处于早期微弱阶段，故障信号比较微弱，采集到的振动信号中包含的故障信息存在完全被噪声淹没的可能性很大。鉴于上述原因，对采集到的振动信号进行去噪处理，进而提取信号特征，是基于振动状态的健康监测管理必不可少的步骤。

滚动轴承振动信号，可分为平稳振动信号和非平稳振动信号两种。对平稳振动信号，时域分析和频域分析是主要手段。对于非平稳振动信号，时频分析是主要手段。本节将对时域分析、频域分析及时频分析方法进行简单介绍。

2.3.1　振动信号的时域分析

时域分析是最简单、最直接的信号分析方法，目前大多数滚动轴承在线监测系统中都包含时域分析。它通常通过计算信号的简单统计特征量进行信号分析，然后选择合适的特征指标，从而对不同类型的故障做出准确的分类。这类方法主要包括时域信号分析处理技术、模型提取法及统计分析法。

时域信号分析处理技术有：时域平均、自相关分析、互相关分析、带通滤波、带阻滤波、卷积滤波、模型提取法等[1]。

模型提取法原理如下：通过拟合技术将振动信号转化为参数化的时序模型，该时序模型的参数也就是振动信号的特征参数。模型提取法所用到的主要模型有：滑动平均模型、粗糙集、人工神经网络及其变种、自回归滑动平均模型、支持向量机及其变种、自回归模型、模糊神经网络等[1]。模型提取法正逐步从平稳振动信号分析向非平稳振动信号分析的方向发展。

统计分析法是时域分析的主要方法之一，统计特征量根据量纲的有无可分为两类[17]。一类是有量纲统计特征量，它包括：最大值、最小值、峰-峰值、均值、均方根值、方差、标准差等指标。另一类是无量纲统计特征量，它包括：偏度指标、峭度指标、波形因子、峰值因子、裕度因子和脉冲因子等指标[18]。

假设收集到的振动信号为 x，N 表示采样点数，x_i 表示第 i 个数据。有量纲统计特征量和无量纲统计特征量分别描述如下。

1. 有量纲统计特征量

有量纲统计特征量会根据外界条件（如负荷、转速、压力等）的改变，导致其对应特征值大小发生变化。

（1）最大值

$$x_{\max} = \max(x_i) \tag{2-18}$$

（2）最小值

$$x_{\min} = \min(x_i) \tag{2-19}$$

（3）峰-峰值

$$x_p = x_{\max} - x_{\min} \tag{2-20}$$

（4）均值

$$\overline{x} = \frac{1}{N}\sum_{i=1}^{N}x_i \tag{2-21}$$

（5）均方根值

$$x_{\mathrm{rms}} = \sqrt{\frac{1}{N}\sum_{i=1}^{N}(x_i)^2} \tag{2-22}$$

（6）方差

$$\sigma^2 = \frac{1}{N-1}\sum_{i=1}^{N}(x_i - \overline{x})^2 \tag{2-23}$$

（7）标准差

$$\sigma = \sqrt{\sigma^2} \tag{2-24}$$

2. 无量纲统计特征量

无量纲统计特征量的特点是对信号变化的频率和幅值都不敏感。因此可以认为滚动轴承的运动条件与信号变化的频率和幅值无关，只依赖概率密度函数的形状[19]。所以无量纲参数指标是一种较好的机器状态监测参数。

（1）偏度指标

$$S = \frac{\sum_{i=1}^{N}(x_i - \overline{x})^3}{\sigma^3 N} \tag{2-25}$$

（2）峭度指标

$$K = \frac{\sum_{i=1}^{N}(x_i - \overline{x})^4}{\sigma^4 N} \tag{2-26}$$

（3）波形因子

$$W_f = \frac{x_{\mathrm{rms}}}{|\overline{x}|} \tag{2-27}$$

（4）峰值因子

$$C_f = \frac{x_{\max}}{x_{\mathrm{rms}}} \tag{2-28}$$

（5）裕度指标

$$CL_f = \frac{x_{\max}}{x_r}, x_r = \left[\frac{1}{N} \sum_{i=1}^{N} \sqrt{|x_i|} \right]^2 \tag{2-29}$$

（6）脉冲指标

$$I_f = \frac{x_{\max}}{|\bar{x}|} \tag{2-30}$$

一般工况下，振动信号的均方根值是比较稳定的，可以作为一个有效的故障特征指标，但是该指标的局限性是对滚动轴承的早期性能退化或微弱故障状态信号的敏感度低[9]。裕度指标、峭度指标和脉冲指标的优点是：对于滚动轴承冲击脉冲类故障敏感度高，特别当滚动轴承出现早期故障时，这三个指标增加明显；但是这三个指标的缺点也非常明显：稳定性不好，随着滚动轴承冲击脉冲类故障由弱到强发展，这些指标在保持一定增长之后稳定在某一个值上不再变化，最终导致对更严重的故障失去诊断能力[20]。因此，为了取得更好的滚动轴承故障诊断效果，常常是多参数一起用来诊断，取长补短多指标融合，提高滚动轴承故障诊断的敏感性和稳定性[21]。

2.3.2　振动信号的频域分析

时域分析方法简单、快速，但难以分辨出故障的具体类型和位置。频域分析的优点是可以分辨出具体故障[1]。典型的频域分析技术是以傅里叶变换为基础的，对时域振动信号进行傅里叶变换，得到信号的幅值-频率频谱图，然后观察频谱图中频率的组成成分和信号幅值的变化情况，分析信号包含的状态信息，从而判断故障的类型。由傅里叶变换可知，任何一个信号，可由若干个不同频率、幅值和初相位的正弦或余弦信号叠加获得。对于任意连续信号 $x(t)$，对其进行傅里叶变换：

$$x(f) = \int_{-\infty}^{+\infty} x(t) \mathrm{e}^{-\mathrm{j}2\pi f t} \mathrm{d}t \tag{2-31}$$

其对应的傅里叶逆变换为

$$x(t) = \int_{-\infty}^{+\infty} x(f) \mathrm{e}^{-\mathrm{j}2\pi f t} \mathrm{d}f \tag{2-32}$$

相应的幅值谱为

$$|x(f)| = \sqrt{\mathrm{Re}^2\left[x(f)\right] + \mathrm{Im}^2\left[x(f)\right]}\qquad\text{（2-33）}$$

相位谱为

$$\varphi(f) = \arctan\frac{\mathrm{Im}\left[x(t)\right]}{\mathrm{Re}\left[x(t)\right]}\qquad\text{（2-34）}$$

式中，t 表示时间；f 表示频率；Re 表示实部；Im 表示虚部。傅里叶变换在实际应用中，把连续的信号离散化，如式（2-35）所示，对信号进行离散傅里叶变换：

$$x(k) = \sum_{n=0}^{N-1} x(n)\, \mathrm{e}^{-\mathrm{j}\frac{2\pi kn}{N}},\quad (k = 0, 1, 2, \cdots, N-1)\qquad\text{（2-35）}$$

其对应的逆变换为

$$x(n) = \frac{1}{N}\sum_{i=0}^{N-1} x(k)\, \mathrm{e}^{-\mathrm{j}\frac{2\pi kn}{N}},\quad (n = 0, 1, 2, \cdots, N-1)\qquad\text{（2-36）}$$

为了提高运算效率，减少系统内存消耗，美国的 J.W.Cooley 和 J.W.Tukey 提出了快速傅里叶变换。随着快速傅里叶变换算法的发展，快速傅里叶变换被广泛应用于信号的频域分析中，常用的频域分析技术有功率谱分析、倒频谱分析、细化谱分析和包络谱分析等[22]。

1. 功率谱分析

可以实施傅里叶变换的前提条件是在无限区间内可积分。工程中获取的振动信号多是随机且离散的，不能直接对信号进行傅里叶变换。除此之外，随机信号的幅值、频率和相位都是随机的，难以进行相位谱和幅值谱分析。功率谱反映的是随机信号的频率成分及各成分的相对强弱。对于工程中获取的振动信号，可以通过计算信号中具有统计特性的功率谱密度来做谱分析。因此可通过计算功率谱密度来了解工程中获取的振动信号的频谱结构[23, 24]。

连续信号 $x(t)$ 的平均功率用均方值表示为

$$\psi_x^2 = \lim_{T \to \infty}\frac{1}{T}\int_{-\frac{T}{2}}^{\frac{T}{2}} x^2(t)\mathrm{d}t\qquad\text{（2-37）}$$

对 $x(t)$ 进行傅里叶变换得到 $X(f)$，则有

$$\lim_{T \to \infty} \frac{1}{T} \int_{-\frac{T}{2}}^{\frac{T}{2}} x^2(t) \mathrm{d}t = \lim_{T \to \infty} \frac{1}{2\pi T} \int_{-\infty}^{+\infty} |x(f)|^2 \, \mathrm{d}f = \frac{1}{2\pi} \int_{-\infty}^{+\infty} \lim_{T \to \infty} \frac{|X(f)|^2}{T} \mathrm{d}f \quad (2\text{-}38)$$

令

$$S_x(f) = \lim_{T \to \infty} \frac{|X(f)|^2}{T} \quad (2\text{-}39)$$

平均功率为

$$\psi_x^2 = \frac{1}{2\pi} \int_{-\infty}^{+\infty} S_x(f) \, \mathrm{d}f \quad (2\text{-}40)$$

观察上述公式，不难看出，幅值谱平方的平均值即是功率谱。通过对信号进行功率谱分析，信号强的成分在功率谱中体现得更明显，信号中弱的成分以更微弱的方式体现在功率谱中。与幅值谱相比较而言，功率谱更能突出信号中较强的成分[25]。

2. 倒频谱分析

对上述的功率谱的对数值实施傅里叶逆变换就是倒频谱。基本思想如下：将复杂的卷积关系，变换为简单的线性叠加，在其倒频谱上识别信号的频率组成分量。提取所关心的频率成分，能够比较准确地从复杂信号中分析出故障特征。尤其对有异族谐频、同族谐频和多成分边频等复杂信号进行倒频谱分析，效果较好。

倒频谱分析过程如下：首先，获取信号的功率谱，并取功率谱的对数；其次，进行谱分析，把成簇的边频带谱线转变成单根谱线；最后，计算对应的周期频率值，该值为幅值较大的单根谱线的倒频率值的倒数。通过上述过程，从复杂周期成分中可以有效提取周期分量[26, 27]。

给定信号 $x(t)$，$X(f)$ 表示 $x(t)$ 的傅里叶变换，$S_x(f)$ 表示 $x(t)$ 的功率谱密度函数，可按式（2-41）计算 $x(t)$ 的倒频谱函数 $C_x(f)$：

$$C_x(f) = F^{-1}\{\lg S_x(f)\} = \int_{-\infty}^{+\infty} \lg S_x(f) \mathrm{e}^{\mathrm{j}2\pi f q} \mathrm{d}f \quad (2\text{-}41)$$

式中，q 为倒频率，与自相关函数 $R_x(\tau)$ 的自变量具有相同量纲且都为时间量纲。

正如式（2-41）所示，对功率谱 $S_x(f)$ 取对数，相当于加权放大信号 $x(t)$ 的幅值，突出了信号 $x(t)$ 中的幅值小的成分。放大有用的故障信号的同时，也放大了噪声和其他干扰信号的幅值。如果滚动轴承的运行环境复杂，干扰噪声较大，应用倒频谱分析信号的效果明显会降低。

3. 细化谱分析

当滚动轴承发生故障时，故障的特征信息常常集中在某敏感频段内反应。敏感频段内，频率的组成成分和幅值变化，直接反应故障的状态变化。通常这些变化比较细微，难以从全频谱图内直接观察。因此敏感频段的频率分辨率（频率之间的间隔）是判断故障准确性的关键。细化谱分析就是将某敏感频段，在不失真的前提下沿轴局部放大，提高敏感频段的频率分辨率。常用的细化谱分析有两种：基于复解析带通滤波器的复调制细化分析和复调制细化选带频谱分析。其中复调制细化选带频谱分析过程包括复调制移频、低通数字滤波、重采样及进行复数快速傅里叶变换和谱分析 4 个过程。

4. 包络谱分析

包络谱分析又被称为解调谱分析。轴承发生故障时会产生调制现象。解调谱分析方法基本思想如下：从复杂的振动信号中，提取出与故障有关的低频调制信号，以此反映在频域图上，然后观察并分析调制频率及它的倍频的幅值变化，并以此为依据判定故障发展程度和发生的位置。常见的解调谱分析方法有：绝对值高通滤波、希尔伯特变换、检波滤波等[28]，这里以希尔伯特变换[29]为例解析包络谱分析。

固有频率信号通常表现为高频，相对固有频率信号，调制信号通常为低频信号。希尔伯特包络，本质上是时域信号绝对值的包络，可利用它提取幅值调制信号。给定连续信号 $x(t)$，如式（2-42）所示，$x(t)$ 的希尔伯特变换为

$$\hat{x}(t) = \int_{-\infty}^{+\infty} \frac{x(t-\tau)}{\pi\tau} \mathrm{d}\tau = x(t)\frac{1}{\pi\tau} \tag{2-42}$$

由 $x(t)$ 和 $\hat{x}(t)$ 构成的解析信号 $z(t)$，有

$$z(t) = x(t) + j\hat{x}(t) = A(t)\mathrm{e}^{j\varphi(t)} \tag{2-43}$$

解析信号的幅值为

$$A(t) = \sqrt{x^2(t) + \hat{x}^2(t)} \tag{2-44}$$

解析信号的相位为

$$\varphi(t) = \arctan\frac{\hat{x}(t)}{x(t)} \tag{2-45}$$

从式（2-42）～式（2-45）的变换过程可以看出，对 $x(t)$ 进行希尔伯特变换，

其实是只对它的相位移动 $\dfrac{\pi}{2}$，其他并没有改变。解析信号 $z(t)$ 的实部为 $x(t)$ 本身，$z(t)$ 的虚部则是希尔伯特变换。希尔伯特包络的目的就是求解析信号的幅值。经过希尔伯特包络后的信号，再对其进行傅里叶变换，就可获取比较清晰的解调谱，即希尔伯特解调谱。

2.3.3　振动信号的时频分析

滚动轴承运行所产生的信号往往具有非平稳和非线性特点，利用传统的时域分析和频域分析不能同时体现出信号时域和频域的变化关系。近年来，许多用来处理非平稳非线性信号的时频分析方法被很好的应用，如短时傅里叶变换[30]、Wigner-Ville 分布[31]、小波变换[32-34]等。

1. 短时傅里叶变换

短时傅里叶变换的概念由 Gabor 在 1946 年提出，也经常被称为 Gabor 变换。因为在对信号进行短时傅里叶变换时，必须首先选择一个合适的窗函数，所以又被称为窗口傅里叶变换[35]。短时傅里叶变换通过在时间轴上用一个可滑动的窗函数对信号 $x(t)$ 实施傅里叶变换，使得在频域和时域上，都具有较好的局部性和可分析性。对信号 $x(t)$ 进行短时傅里叶变换有

$$\mathrm{STFT}_x(\omega,\tau)=\int_{-\infty}^{+\infty}x(t)k(t-\tau)\,\mathrm{e}^{-\mathrm{j}\omega t}\mathrm{d}t=\int_{-\infty}^{+\infty}x(t)k_{\omega,\tau}(t)\mathrm{d}t \tag{2-46}$$

式中，$k_{\omega,\tau}(t)=k(t-\tau)\mathrm{e}^{-\mathrm{j}\omega t}$ 表示积分核，$k(t-\tau)$ 表示窗函数，起时限作用，$\mathrm{e}^{-\mathrm{j}\omega t}$ 起频限作用。由于短时傅里叶变换需要先选择窗函数，窗函数一旦选定，变换的窗口就保持不变，即时频分辨率确定，要想改变时频分辨率，就得重新选择窗函数，因此窗函数的选择会对变换的结果产生比较大的影响。

根据海森伯不确定原理[36]，时间分辨率 R_t 与频率分辨率 R_f 应满足 $R_t\cdot R_f\geqslant\dfrac{1}{2}$。若想得到较高的频率分辨率，时域分辨率就必须被降低。可是短时傅里叶变换在选定窗函数后，其局域化的时间和频率分辨率就已经确定，因此，窗函数的时宽和频宽不可能同时达到最小值，这体现出时域与频域的局域化性质是相互矛盾的。在实际信号分析中，信号包含着低频成分和高频成分。在分析高频成分时，希望采用较短的时域窗口，然而在分析低频成分时，则希望使用较长的时域窗口。因此，短时傅里叶变换无法平衡高频和低频分析间的矛盾，窗口的大小无法随信号频率成分的改变而改变。

2. Wigner-Ville 分布

Wigner-Ville 分布可以看作一个信号能量在频域和时域中的联合分布，也是分析非平稳信号的一个重要工具。它具有时频分辨率高、时频聚集性好，同时还具有对称性和可逆性等一些优越性质[25]。

对于实际信号 $s(t)$，其 Wigner 分布被定义为

$$W_s(t,\omega) = \int_{-\infty}^{+\infty} s(t+\frac{\tau}{2})s^*(t+\frac{\tau}{2})\mathrm{e}^{-\mathrm{j}\omega t}\mathrm{d}\tau \qquad (2\text{-}47)$$

$$W_S(t,\omega) = \int_{-\infty}^{+\infty} S(\omega+\frac{\theta}{2})S^*(\omega+\frac{\theta}{2})\mathrm{e}^{-\mathrm{j}\omega t}\mathrm{d}\theta \qquad (2\text{-}48)$$

式（2-47）、式（2-48）中，第一项表示时域，第二项表示频域。1948 年，Ville 用解析信号 $x(t)$ 代替 Wigner 分布中的实际信号 $s(t)$，形成 Wigner-Ville 分布，其定义为

$$W_s(t,\omega) = \int_{-\infty}^{+\infty} x(t+\frac{\tau}{2})x^*(t+\frac{\tau}{2})\mathrm{e}^{-\mathrm{j}\omega t}\mathrm{d}\tau \qquad (2\text{-}49)$$

$$W_S(t,\omega) = \int_{-\infty}^{+\infty} X(\omega+\frac{\theta}{2})X^*(\omega+\frac{\theta}{2})\mathrm{e}^{-\mathrm{j}\omega t}\mathrm{d}\theta \qquad (2\text{-}50)$$

1988 年，Boashash 指出 Wigner-Ville 分布与 Wigner 分布之间的关系如下：

$$W_s(t,\omega) = \frac{1}{4}\left[W_x(t,\omega)+W_x(t,-\omega)\right]+\gamma(t,\omega) \qquad (2\text{-}51)$$

式中，$\gamma(t,\omega)$ 代表正负频率之间的相干项。假设解析信号 $x(t)$ 含有 n 个分量，即

$$x(t) = \sum_{k=1}^{n} x_k(t) \qquad (2\text{-}52)$$

由 Wigner-Ville 分布的定义可得

$$W_x(t,\omega) = \sum_{k=1}^{n} W_{x_k}(t,\omega) + \sum_{k=1}^{n}\sum_{i=1}^{n} 2\mathrm{Re}[W_{x_k,x_i}(t,\omega)] \qquad (2\text{-}53)$$

式（2-53）中，各分量信号的自项为等号右边第一项，各分量两两之间的互项为第二项，也称为干扰项。自项会和干扰项相互叠加，互相干扰，因此提供了不真实的谱值分布，甚至会出现负的能量，影响了对 Wigner-Ville 分布的物理解释。

Wigner-Ville 分布的主要缺点是存在交叉干扰项。当对含有多个成分组成的信

号进行 Wigner-Ville 分布分析时，在分布中的两两成分之间时频中心坐标的中点处，存在一些无任何物理意义的振荡分量。这些振荡分量提供的是虚假的能量分布，影响了信号 Wigner-Ville 分布的物理解释。交叉干扰项的存在造成了信号的 Wigner-Ville 分布时频特征模糊不清。为了抑制交叉干扰项，一些改进的方法被提出，如伪 Wigner-Ville 分布[37]、重分配平滑伪 Wigner-Ville 分布[38]、平滑 Wigner-Ville 分布[39]等。这些改进方法虽然从一定程度上抑制了交叉干扰项，但是受到不确定原理的限制，会降低时频域的分辨率。

3. 小波变换

区别于短时傅里叶变换以固定大小窗口来观察信号，小波变换采用时间-频率窗口形状可调整的方法，在频域和时域里都有非常不错的局部化性质，解决了频率分辨率和时间分辨率无法同时兼顾的矛盾，因此小波变换可以用不同的"分辨率"来对信号的细节特征进行观察，并且小波变换也不像 Wigner-Ville 分布那样会产生交叉干扰项。也就是说，可以在感兴趣的频域段与时域段，对滚动轴承的振动信号进行时频局部化分析，能够无冗余地、正交地、无泄漏地将滚动轴承的振动信号变换到多个分辨率下的不同频段内进行观察。根据不同的信号分解方法，常用的小波变换有连续小波变换（Continuous Wavelet Transform，CWT）、离散小波变换（Discrete Wavelet Transform，DWT）和小波包变换等[40-43]。

1）连续小波变换

给定任意 $L^2(R)$ 空间中的函数 $x(t)$，其连续小波变换定义为

$$\text{CWT}_f(a,\tau) = \langle x(t), \psi_{a,\tau}(t) \rangle = \frac{1}{\sqrt{a}} \int_R x(t) \psi^* (\frac{t-\tau}{a}) dt \qquad (2\text{-}54)$$

式中，$\psi_{a,\tau}(t)$ 是由母小波经过伸缩与平移得到的，$\psi_{a,\tau}(t) = \frac{1}{\sqrt{a}} \psi^* (\frac{t-\tau}{a})$，$a, \tau \in R$。$a > 0$ 为尺度因子，τ 为平移因子，$\psi_{a,\tau}(t)$ 为基本小波函数。当尺度因子较小时，则有利于分析信号中的高频成分；当尺度因子较大时，有利于分析信号中的低频成分。对于连续小波变换，如果平移因子和尺度因子都是连续的值，则可以进行任意细致的尺度划分。信号进行连续小波变换需要选择一个母小波函数。该母小波函数应该满足式（2-55）所示条件[44]：

$$C_\psi = \int_R \frac{|\psi(\omega)|^2}{\omega} d\omega < \infty \qquad (2\text{-}55)$$

其对应的逆变换公式为

$$x(t) = \frac{1}{C_\psi} \int_0^{+\infty} \frac{\mathrm{d}a}{a^2} \int_{-\infty}^{+\infty} \mathrm{CWT}_f(a,\tau)\, \psi_{a,\tau}(t)\mathrm{d}\tau \tag{2-56}$$

因为连续小波变换对小波函数只有一个条件限制，因此，它具有了非正交、有冗余的缺点，因此连续小波变换获得的信号特征并不一定是信号相应特征的实际大小。同时通过连续小波变换的反演，获得的时域特征也不一定是相应特征的完全真实反映。

2）离散小波变换

在实际应用中，为了提高计算机的处理效率，信号 $x(t)$ 通常会被离散化。为了克服连续小波变换的非正交缺点，在应用中实际上对连续小波变换的平移因子与尺度因子进行离散化，这样连续小波变换就变成了离散小波变换。在离散化的平移因子 τ 和尺度因子 a 的基础上，原信号被离散小波变换利用一组的基函数分解为细节成分分量 d_{2^j} 与近似成分分量 a_{2^j}。离散小波变换有两个基本函数：基本小波函数 ψ 和尺度函数 ϕ。其中尺度函数又被称为基本伸缩函数，基本小波函数被称为母小波函数[44]。对于离散信号 $x(n)$，其离散小波变换可定义为

$$a_{2^j}(k) = \int x(n)\phi_{J,k}(n)\mathrm{d}n \tag{2-57}$$

$$d_{2^j}(k) = \int x(n)\psi_{j,k}^*(n)\mathrm{d}n \tag{2-58}$$

$$x(n) = \sum_{j=1}^{J}\sum_{k\in Z} d_{2^j}(k)\psi_{j,k}(n) + \sum_{k\in Z} a_{2^J}(k)\phi_{J,k}(n) \tag{2-59}$$

式中，j，k，J 分别表示伸缩尺度因子、时间指标和分解的层数；"$*$"表示共轭。式（2-60）表示基本尺度函数，式（2-61）表示小波函数。

$$\phi_{j,k}(n) = 2^{\frac{-j}{2}}\phi(2^{-j}n - k) \tag{2-60}$$

$$\psi_{j,k}(n) = 2^{\frac{-j}{2}}\psi(2^{-j}n - k) \tag{2-61}$$

式中，基本小波函数与尺度函数的伸缩程度由 j 控制。尺度函数由低通滤波器构成，基本小波函数由高通滤波函数构成，因此二者具有的基本性质分别为低通与高通。当 $j=0$ 时，这是一种特殊情况，近似成分分量 $a_{2^0}(n)$ 实为原始信号 $x(n)$。对于细节成分分量 $d_{2^j}(n)$，它表示的是 $a_{2^j}(n)$ 与 $a_{2^{j-1}}(n)$ 的差，$a_{2^j}(n)$ 与 $d_{2^j}(n)$ 分别为[44]

$$a_{2^j}(n) = \sum_k h(k-2n)a_{2^{j-1}}(k) \tag{2-62}$$

$$d_{2^j}(n) = \sum_k g(k - 2n) a_{2^{j-1}}(k) \qquad (2\text{-}63)$$

式中，$h(n)$ 代表尺度函数的滤波器系数；$g(n)$ 代表基本小波函数的滤波器系数。

3）小波包变换

给定正交的尺度函数 $\varphi(t)$ 和基本小波函数 $\psi(t)$，通过小波函数 $\psi(t)$ 生成的二进制离散小波函数为

$$\psi_{j,k}(t) = 2^{\frac{j}{2}} \psi(2^j t - k) \qquad (2\text{-}64)$$

式中，$j, k \in Z$。对应的二进制尺度函数为

$$\varphi_{j,k}(t) = 2^{\frac{j}{2}} \varphi(2^j t - k) \qquad (2\text{-}65)$$

令尺度函数和基本小波函数分别为 $\varphi(t) = u_0(t), \psi(t) = u_1(t)$，则有

$$\begin{cases} u_{2n}(t) = \sqrt{2} \sum_{k \in Z} h(t) u_n(2t - k) \\ u_{2n-1}(t) = \sqrt{2} \sum_{k \in Z} g(t) u_n(2t - k) \end{cases} \qquad (2\text{-}66)$$

所定义的函数 u_n，$n = 2l$ 或 $2l+1$，$l = 0, 1, 2, \cdots$，称为正交尺度函数 $\varphi(t) = u_0(t)$ 的小波包。$g(k) = (-1)^k h(1-k)$ 为双正交滤波器，它保证两系数也满足正交关系。推广到信号的小波包表示为

$$g_j^n(t) = \sum_k d_k^{j,n} u_n(2^j t - k)$$

式中，$d_k^{j,n}$ 为分解所得的系数。

小波包重构公式为

$$d_k^{j,n} = \sum_k \left[h_{l-2k} d_k^{j+1,2n} + g_{l-2k} d_k^{j+1,2n} \right] \qquad (2\text{-}67)$$

2.4 小　结

本章对滚动轴承的健康退化故障类型进行了综述，分析了滚动轴承的健康退化机制，先后描述了滚动轴承振动信号的时域、频域及时频域特征提取方法，为本书后续章节奠定了基础。

参 考 文 献

[1] 熊庆. 列车滚动轴承振动信号的特征提取及诊断方法研究[D]. 成都：西南交通大学，2015.

[2] 张海滨. 列车轴承轨边声学故障信号的声源分离及其去噪研究[D]. 合肥：中国科学技术大学，2016.

[3] 马金山. 机电系统的滚动轴承故障诊断方法研究[D]. 太原：太原理工大学，2005.

[4] 刘冬霞. 滚动轴承故障诊断系统开发研究[D]. 江门：五邑大学，2008.

[5] 杨勇. EMD 和模糊神经网络在滚动轴承故障诊断中的研究与应用[D]. 太原：太原理工大学，2008.

[6] 纪明. 滚动轴承故障诊断算法及软件[D]. 兰州：兰州理工大学，2008.

[7] 张彦鸿. 滚动轴承故障信号特征提取技术研究[D]. 太原：太原理工大学，2009.

[8] 林选. 基于小波包和 EMD 相结合的电机轴承故障诊断[D]. 太原：太原理工大学，2010.

[9] 窦远. 旋转机械故障特征提取技术及其系统研制[D]. 北京：北京化工大学，2009.

[10] 王轲. 小波与分形结合的滚动轴承振动信号分析[D]. 长春：吉林大学，2007.

[11] 李俊卿. 滚动轴承故障诊断技术及其工业应用[D]. 郑州：郑州大学，2010.

[12] 冯振华. 基于分形和支持向量机的机械设备故障诊断[D]. 太原：太原理工大学，2007.

[13] 李猛. 滚动轴承质量检测系统的研究[D]. 哈尔滨：哈尔滨工业大学，2007.

[14] 王驹. 基于虚拟仪器技术的炼钢转炉传动机构在线监测与故障诊断系统[D]. 重庆：重庆大学，2006.

[15] 宋晓美. 滚动轴承在线监测故障诊断系统的研究与开发[D]. 北京：华北电力大学，2012.

[16] 李丹丹. 基于集合经验模态分析的滚动轴承故障特征提取[D]. 合肥：安徽农业大学，2013.

[17] 杨国安. 机械设备故障诊断实用技术[M]. 北京：中国石化出版社，2007.

[18] 何正嘉，陈进，王太勇，等. 机械故障诊断理论及应用[M]. 北京：高等教育出版社，2010.

[19] 张龙，黄文艺，熊国良，等. 基于多域特征与高斯混合模型的滚动轴承性能退化评估[J]. 中国机械工程，2014，25(22)：3066-3072.

[20] 李敏通. 柴油机振动信号特征提取与故障诊断方法研究[D]. 杨凌：西北农林科技大学，2012.

[21] 赵志宏. 基于振动信号的机械故障特征提取与诊断研究[D]. 北京：北京交通大学，2012.

[22] 李兴林. 滚动轴承故障诊断技术现状及发展[C]//中国机械工程学会. 2009 年全国青年摩擦学学术会议论文集，2009.

[23] 黄伟国. 基于振动信号特征提取与表达的旋转机械状态监测与故障诊断研究[D]. 合肥：中国科学技术大学，2010.

[24] 廖伯瑜. 机械故障诊断基础[M]. 北京：冶金工业出版社，1995.

[25] 王玉静. 滚动轴承振动信号特征提取与状态评估方法研究[D]. 哈尔滨：哈尔滨工业大学，2015.

[26] Jardine A K S，Lin D，Banjevic D. A review on machinery diagnostics and prognostics implementing condition-based maintenance[J]. Mechanical Systems and Signal Processing，2006，20(7)：1483-1510.

[27] 谢明，丁康. 基于复解析带通滤波器的复调制细化谱分析原理与方法[J]. 振动工程学报，2001，14(1)：29-35.

[28] 江波，唐普英. 基于复调制的 ZOOMFFT 算法在局部频谱细化中的研究与实现[J]. 大众科技，2010，7：48-49.

[29] 谢志江，刘彩利，彭浩. 包络分析在齿轮箱故障诊断中的应用[J]. 振动工程学报，2004，17：88-92.

[30] 韩业锋，仲涛，石磊. 基于包络谱分析的滚动轴承故障诊断分析[J]. 机械研究与应用，2010，4：35-39.

[31] Kaewkongka T，Joe Y H，Rakowski R T，et al. A comparative study of short time Fourier transform and continuous wavelet transform for bearing condition monitoring[J]. International Journal of COMADEM，2003，6(1)：41-48.

[32] Kim B S，Lee S H，Lee M G，et al. A comparative study on damage detection in speed-up and coast-down process of grinding spindle-typed rotor-bearing system[J]. Journal of Materials Processing Technology，2007，187：30-36.

[33] Wang W Q，Ismail F，Golnaraghi M F. Assessment of gear damage monitoring techniques using vibration measurements[J]. Mechanical Systems and Signal Processing，2001，15(5)：905-922.

[34] Wang W，Ismail F，Golnaraghi F. A neuro-fuzzy approach to gear system monitoring[J]. IEEE Transactions on Fuzzy Systems，2004，12(5)：710-723.

[35] Yen G G，Lin K C. Wavelet packet feature extraction for vibration monitoring[J]. IEEE Transactions on Industrial Eelectronics，2000，47(3)：650-667.

[36] Gabor D. Theory of communication[J]. Journal of the Institute of Electrical Engineers，1946，93：429-457.

[37] 葛哲学，沙威. 小波分析理论与 Matlab R2007 实现[M]. 北京：电子工业出版社，2007.

[38] Velez E F，Absher R G. Smoothed Wigner-Ville parametric modeling for the analysis of nonstationary signals[C]// IEEE. IEEE International Symposium on Circuits and Systems. 1989，1：507-510 .

[39] Boashash B，O'Shea P. Polynomial Wigner-Ville distributions and their relationship to time-varying higher order spectra[J]. IEEE Transactions on Signal Processing，1994，42(1)：216-220.

[40] Auger F，Flandrin P. Improving the readability of time-frequency and time-scale representations by the reassignment method[J]. IEEE Transactions on Signal Processing，1995，43(5)：1068-1089.

[41] Wang W Q，Ismail F，Golnaraghi M F. Assessment of gear damage monitoring techniques using vibration measurements[J]. Mechanical Systems and Signal Processing，2001，15(5)：905-922.

[42] Li X，Yao X. Multi-scale statistical process monitoring in machining[J]. IEEE Transactions on Industrial Electronics，2005，52(3)：924-927.

[43] 赖达波. 某齿轮箱故障振动信号特征提取及分析技术研究[D]. 成都：电子科技大学，2013.

[44] 周方明. 基于分形分析的轴承故障状态分类研究[D]. 合肥：中国科学技术大学，2011.

第3章 基于多信息融合解调的
轴承健康监测管理

3.1 信息融合简介

随着互联网的迅速普及和企业信息量的急速膨胀，如何从众多纷繁的数据中按照某种规则获得一些有用的数据，在某一定程度上对于各类管理系统起着至关重要的作用。信息融合（Information Fusion）就是从大量的数据信息中提取新颖的、有效的、潜在有用的、最终可理解的模式和结果。

信息融合最初也被称为数据融合（Data Fusion），由 1973 年美国国防部资助开发的声呐信号处理系统。自此以后，信息融合的概念就出现在一些文献中。随着信息技术的发展，20 世纪 90 年代提出更广义化的概念"信息融合"。在美国成功研发出声呐信号处理系统后，信息融合技术在军事应用中的应用受到广泛关注。20 世纪 80 年代，基于军事作战需求，多传感器数据融合（Multi-Sensor Data Fusion，MSDF）技术应运而生。1988 年，信息融合被美国列为 C3I（Command，Control，Commication and Intelligence）系统中国防部重点开发的 20 项关键技术之一，英国、法国等也先后对信息融合进行了大量研究，以解决大量复杂的信息处理问题，目前，已经研制出包括"多传感器多平台跟踪情报相关处理"等多种信息融合系统，同时，还出版了多部关于信息融合的专著。

信息融合与聚类分析是一对相互关联的操作。聚类分析过程可以描述如下：根据各样本自身的不同，将数据集划分为不同类别的簇。也就是说，对于基本相似的个体，尽量划分在同一簇中；对于一些相差较大的个体，尽量划分在不同簇中。这样，整个数据集可以用少数的几个簇来描述。

在滚动轴承的智能健康管理领域，通过信息融合和聚类分析，人们可以发现和使用振动监测信号中所蕴涵的某种信息或知识。本章就是利用多指标模糊融合、多尺度模糊聚类，开展滚动轴承的智能健康管理研究。

3.2 多指标模糊融合条件下轴承健康状态智能监测

振动监测是滚动轴承智能健康管理的常用方法,通过分析轴承的振动信号,可以有效诊断轴承的健康状态。共振解调是一种常用的滚动轴承振动监测方法。由于轴承的故障特征频率常常被调制到高频的共振频带,通过识别轴承所在的机械系统的共振频带,然后将共振频带分量进行包络解调,就可以获得滚动轴承的健康状态特征。但在实际应用过程中,很难预先清楚轴承机械系统的共振频带,这时就需要采用共振解调来识别轴承系统的共振频带。

下面介绍一种自底向上细分频谱合并的多指标模糊融合方法[1],可以自适应地确定轴承机械系统的共振频带,从而有效开展滚动轴承的智能健康管理。

3.2.1 多指标模糊融合的细分频谱合并方法

令滚动轴承的振动信号 $u(t)$ 的傅里叶变换为 $U(f)$。将 $u(f)$ 表示为 L 维序列的集合,有

$$u(f) = \{0, U_1, U_2, \cdots, U_k, \cdots, U_{L-1}\}, k \in [1, L-1] \tag{3-1}$$

那么,该集合中各元素所对应的频率点为

$$f = \{0, f_1, f_2, \cdots, f_k, \cdots, f_{L-1}\} \tag{3-2}$$

振动信号对应的频谱 $U(f)$ 就是一系列频带子集的组合。对第 i 个频带子集,假设其左右边界的频率点标号分别为 a_i, $b_i (a_i, b_i \in [0, L-1])$,则该频带子集可以表示如下:

$$A_i(a_i, b_i) = \{U_{ai}, \cdots, U_{bi}\} \tag{3-3}$$

根据如上公式,可以将振动频谱 $U(f)$ 表示为全部频带子集的集合,有

$$U(f) = \{A_1(a_1, b_1), \cdots, A_i(a_i, b_i), \cdots, A_l(a_l, b_l)\} \tag{3-4}$$

式中,$a_i = b_{i-1}$,$i \in [2, l]$。

根据式(3-1)~式(3-4),用 f_{opt} 表示最优共振频带,则寻找具有最小代价函数的频带子集的过程就是最优共振频带的识别过程:

$$f_{\mathrm{opt}} = A_{\mathrm{opt}}, \text{ 服从于 } \min(\min(B_i)) \tag{3-5}$$

式中，A_{opt} 为最小代价函数值对应的频带子集；B_i 为频带子集 A_i 的代价函数值。

式（3-5）表明，识别最优共振频带有两个决定性因素：①将振动频谱正确地分割为频带子集的集合；②找到一个频带子集，其代价函数值最小。

为了实现以上两个决定性因素，可以采用细分频谱合并方法，实现振动频谱的自适应分割，并获得最小代价函数对应的最优共振频带，其具体步骤详述如下。

第一步，将轴承信号频谱细分为初始最小频带子集的集合 $U(f) = \{A_1, A_2, \cdots, A_i, \cdots, A_l\}$。

第二步，计算每一个频带子集 A_i 的代价函数 B_i。令两个相邻的频带子集 A_i 和 A_{i+1} 构成的子集合并为 MA_i，将子集合并的代价函数记为 MB_i。

第三步，从所有的子集合并的代价函数中，找到最小的子集合并的代价函数 MB_m（相应地，两个待合并的频带子集记为 A_m 和 A_{m+1}），满足以下条件：

$$MA_m \geqslant B_m \text{ 且 } MB_m \geqslant B_{m+1} \tag{3-6}$$

即可将 A_m 和 A_{m+1} 进行合并，合并后各子集的左右边界采用式（3-7）进行更新：

$$a_{m+1} \to a_m, a_{m+2} \to a_{m+1}, \cdots, a_l \to a_{l-1}, a_i = b_{i-1} \tag{3-7}$$

另外，如果不满足式（3-6），则令 $MB_m \to +\infty$，表示当前的 A_m 和 A_{m+1} 是不可合并的（因为合并反而会增大代价函数值），同时跳转到第五步。

第四步，对于合并产生的新频带子集 A_m，重新计算第 m 和第 $m-1$ 个子集合并的代价函数 MB_m 和 MB_{m-1}。

第五步，置 $l - 1 \to l$。如果最小的子集合并的代价函数 $< +\infty$ 且 $l > 2$（该条件表示还有未合并结束的频带子集），则转向第三步。否则执行下一步。

第六步，将最小代价函数值对应的频带子集输出作为最优共振频带 f_{opt}。

结束。

在执行以上步骤的过程中，一个关键的参数是代价函数，该参数非常重要。峭度、平滑因子、峰度系数是表征冲击信号最常用的几个统计量指标，都可以用于生成代价函数。但是，如何将多个统计量指标同时在代价函数中考虑仍然存在困难，下面提出采用多指标模糊融合方法生成一个综合的代价函数。

对于滚动轴承的振动信号 $u(t)$，对任意频带子集 $A_i(a_i, b_i)$ 所对应的时域分量可以表示为

$$u_i(t) = \mathbb{F}^{-1}\left[A_i(a_i, b_i)\right] \tag{3-8}$$

式中，$\mathbb{F}^{-1}$ 表示傅里叶逆变换。对于频带子集的时域分量 $u_i(t)$，其峭度 $Q(u_i(t))$ 表

示为[2]

$$Q(u_i(t)) = \frac{E\left\{u_i(t) - E\left\{u_i(t)\right\}^4\right\}}{E\left\{(u_i(t) - E\left\{u_i(t)\right\})^2\right\}^2} \tag{3-9}$$

式中，$E\{\cdot\}$ 表示数学期望。

根据研究[3]，峭度对共振频带的冲击信号非常敏感，这样就会同时对非共振频带的一些离群值同样产生敏感反应。与峭度相比，平滑因子对冲击的离群值不敏感。一个振动信号的平滑因子计算如下：

$$P(u_i(t)) = \frac{G(u_i(t))}{A(u_i(t))} \tag{3-10}$$

式中，$A(\cdot)$ 为算数均值，$G(\cdot)$ 为几何均值，具体为

$$A(u_i(t)) = \frac{1}{N}\sum_{t=1}^{N} u_i(t) \tag{3-11}$$

$$G(u_i(t)) = \left(\prod_{t=1}^{N} u_i(t)\right)^{\frac{1}{N}} \tag{3-12}$$

式中，N 为离散时间 t 的长度。

相较于峭度，平滑因子对非局部冲击的离群值不敏感。但是，研究结果表明[4]：当平滑因子达到较小的数值时，无法真正地将冲击分量和噪声分量区分开来。为此，人们将峰度系数引入振动信号的统计参量，其定义为

$$K(u_i(t)) = \frac{\max u_i(t) - Au_i(t)}{RMSu_i(t)} \tag{3-13}$$

式中，$RMS(\cdot)$ 为均方根函数，表达式如下：

$$RMSu_i(t) = \sqrt{\frac{1}{n}\sum_{t=1}^{n} u_i^2(t)} \tag{3-14}$$

一般地，峰度系数越大表明冲击分量越大。与峭度相比，峰度系数对冲击分量的敏感度较低，因此只有对较明显的冲击信号有效。但是，当信号中存在的噪声较大时，峰度系数可能对正确的共振频带有一定的识别困难。

上面介绍了峭度、平滑因子、峰度系数等几个常用作代价函数的振动信号统计量。任何一个指标都有其优点，但同时似乎也存在各自的缺点。为此，研究中采用多个指标的融合来构造代价函数，该过程可以表达为

$$B_i = F(T_n(u_i(t))) \tag{3-15}$$

式中，$F(\cdot)$ 为数据融合函数；T_n 表示第 n 个指标。由于研究中采用峭度、平滑因子、峰度系数三个指标，所以 n 分别为 1、2、3，可以分别取：

$$T_1(u_i(t)) = \frac{1}{Qu_i(t)}, \quad T_2(u_i(t)) = P(u_i(t)), \quad T_3(u_i(t)) = \frac{1}{F(u_i(t))} \tag{3-16}$$

接下来采用模糊贴近度来构建数据融合函数 $F(\cdot)$。对于初始的最小频带子集的集合 $U(f) = \{A_1, A_2, \cdots, A_i, \cdots, A_l\}$，其对应的时域分量分别为 $u_1(t), u_2(t), \cdots,$ $u_i(t), \cdots, u_l(t)$。对于每个指标序列，可以在[0，1]之间正则化为

$$NT_n(u_i(t)) = \frac{T_n(u_i(t)) - \min\limits_{i=1}^{l}(T_n(u_i(t)))}{\max\limits_{i=1}^{l} T_n(u_i(t)) - \min\limits_{i=1}^{l}(T_n(u_i(t)))} \tag{3-17}$$

对于每个正则化指标序列，其均值 $\overline{NT_n}$ 和标准差 σ_n 分别为

$$\overline{NT_n} = \frac{1}{l}\sum_{i=1}^{i} NT_n(u_i(t)) \tag{3-18}$$

$$\sigma_n = \frac{1}{l-1}\sqrt{\sum_{i=1}^{i}(NT_n - \overline{NT_n})^2} \tag{3-19}$$

对于 3 个指标序列，计算其总均值 $\overline{NT_0}$ 和总标准差 σ_0 为

$$\overline{NT_n} = \frac{1}{3}\sum_{n=3}^{3}\overline{T_n} \tag{3-20}$$

$$\sigma_0 = \frac{1}{2}\sqrt{\sum_{n=1}^{3}(NT_n - \overline{NT_0})^2} \tag{3-21}$$

利用三角形模糊隶属函数，可以将每个指标的模糊量表示如下[5]：

$$T_n'(c_{n1}, c_{n2}, c_{n3}) = (\overline{NT_n} - 2\sigma_n, \overline{NT_n} + 2\sigma_n) \tag{3-22}$$

同样采用三角形模糊隶属函数，则数据融合的代价函数的模糊量计算为

$$T_0'(c_{01}, c_{02}, c_{03}) = (\overline{NT_0} - 2\sigma_0, \overline{NT_0} + 2\sigma_0) \tag{3-23}$$

根据模糊贴近度的定义，第 n 个指标模糊量与数据融合模糊量之间的贴近度计算如下：

$$J_n = \cfrac{1}{1 + \left| \cfrac{c_{n1} + 4c_{n2} + c_{n3} - (c_{01} + 4c_{02} + c_{03})}{6} \right|} \tag{3-24}$$

根据模糊贴近度的定义，J_n 越小，第 n 个指标模糊量与数据融合模糊量越不贴近，反之亦然。基于模糊贴近度原理，由式（3-15）～式（3-17），有

$$B_i = \frac{J_n}{\sum\limits_{n=1}^{3} J_n} NT_n(u_i(t)) \tag{3-25}$$

采用上述方法，可分别构造频带子集 A_i 和子集合并 MA_i 的代价函数。并利用如上自底向上的方法，自适应得到最优共振频带 f_{opt}。对所得到的最优共振频带，进行包络解调可得

$$d(t) = \text{mod}(\text{H}(F^{-1}(U(f)))), f \in f_{opt} \tag{3-26}$$

式中，$d(t)$ 为最优解调得到的包络；$\text{mod}(\cdot)$ 为取模运算；$\text{H}(\cdot)$ 为希尔伯特变换[6]。

根据第 2 章介绍的包络谱分析方法，对最优解调得到的包络信号 $d(t)$ 进行傅里叶变换，可以得到包络谱 $D(f)$。$D(f)$ 可以用于判断滚动轴承的健康状态，如果 $D(f)$ 显示有故障特征谱线和/或谐波，可以判断对应的滚动轴承故障。

3.2.2　仿真结果与比较

具有故障的滚动轴承的振动信号 $u(t)$ 可以表示为[7]

$$u(t) = G \sum_n u(t - q / f_c) + \theta(t) + \delta(t) \tag{3-27}$$

式中，$\delta(t)$ 为随机噪声；$\theta(t)$ 表示谐波干扰分量；G 是冲击信号的幅值；q 是冲击信号的个数；f_c 是故障特征频率；$u(t)$ 是冲击响应函数，表述如下：

$$u(t) = \begin{cases} \exp(-d_b t)\sin(2\pi f_0 t), & t > 0 \\ 0, & t \leqslant 0 \end{cases} \tag{3-28}$$

式中，d_b 为带宽参数，f_0 为共振中心频率。假设仿真的故障轴承振动信号参数为：G=[1.4, 1.7] m/s^2，d_b=620，f_c=43 Hz，f_0=2600 Hz，$\theta(t)$ 包括两个谐波分量 0.3sin(168πt) 和 0.2cos(62πt)，$\delta(t)$ 是信噪比= -10dB 的高斯白噪声，令采样频率 f_s=1.5 kHz，时间长度为 1 s。图 3-1 画出了仿真信号的时域波形，图 3-2 为该仿真信号的频谱。

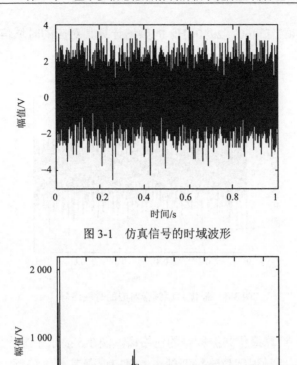

图 3-1　仿真信号的时域波形

图 3-2　仿真信号的频谱

采用本章所提出的多指标融合的细分频谱合并方法,图 3-3 画出了合并前和合并后的代价函数曲线。从图 3-3 中可知,合并后的最小代价函数值为–0.0167,对应的最优共振频带为[2460,2940] Hz。对于仿真信号模型的共振中心频率 2600 Hz 可知,该最优共振频带能够完整覆盖该共振中心频率。

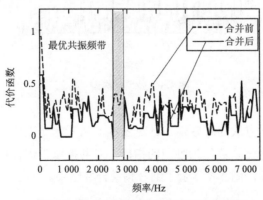

图 3-3　合并前和合并后的代价函数曲线

对最优共振频带[2460，2940] Hz 的频谱计算其对应的时域信号，其结果如图 3-4 所示。

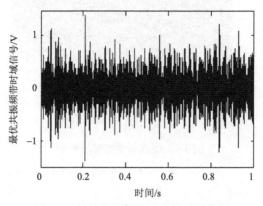

图 3-4　最优共振频带对应的时域信号

由式（3-26）计算最优共振频带的包络谱，图 3-5 显示了最优包络谱的结果。从图 3-5 中，可以明显识别故障特征频率 f_c=43 Hz 及其前 5 倍频，结果表明了对轴承故障的识别能力。

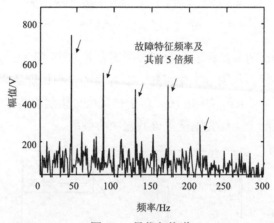

图 3-5　最优包络谱

为了体现所提出方法的有效性，针对图 3-1 所示的仿真信号，下面分别采用峭度、平滑因子和峰度系数作为唯一的指标，对共振频带进行寻优。首先采用峭度进行细分频谱合并，图 3-6 显示了细分频谱合并结果。

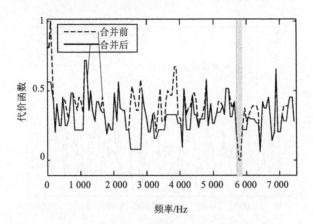

图 3-6　以峭度为指标的细分频谱合并结果

由图 3-6 可知,最小代价函数值(最大峭度)为 0,对应的频带为[5730, 5850] Hz。第二最小代价函数值为 0.077 25, 对应的频带为[2490, 2850] Hz。虽然先验知识表明[2490, 2850] Hz 更适合作为共振频带, 但是由于信号中存在离群值, [5730, 5850] Hz 的频带被峭度指标错误地选择为共振频带,该频带对应的包络谱如图 3-7 所示。从图 3-7 中无法准确识别故障特征频率 $f_c=43$ Hz,因而无法准确地发现滚动轴承的故障。

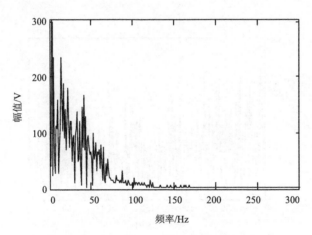

图 3-7　以峭度为指标的共振频带包络解调谱

接下来以平滑因子作为指标, 对图 3-1 所示的仿真信号描述的故障健康状态进行监测。以平滑因子作为指标的细分频谱合并结果如图 3-8 所示。

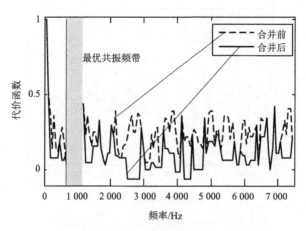

图 3-8　以平滑因子的细分频谱合并结果

由图 3-8 中可知，最小代价函数值（最小平滑因子）为–0.072 91，对应的频带为[690, 1110] Hz。第二最小代价函数值为 0.067 54，对应的频带为[2490, 2910] Hz。同样地，真正的最优共振频带没有正确地识别出来，这是由于平滑因子对小参量的不敏感性，非最优的频带被平滑因子指标错误地选择为共振频带。错误识别的共振频带所对应的包络谱如图 3-9 所示，图中对滚动轴承故障也无法有效地识别。

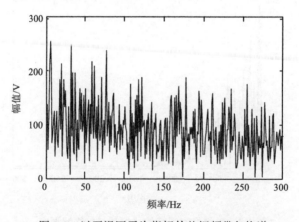

图 3-9　以平滑因子为指标的共振频带包络谱

接下来测试峰度系数的性能，研究中采用峰度系数作为指标，对图 3-1 所示的仿真信号进行了健康状态监测，获得的细分频谱合并结果如图 3-10 所示。

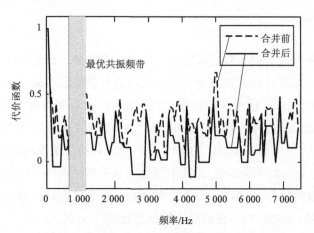

图 3-10　以峰度系数为指标的细分频谱合并结果

　　由细分频谱合并结果可知，最小代价函数值（最大峰度系数）为–0.1182，对应的频带为[690，1110] Hz。第二最小代价函数值–0.1085，对应的频带为[4170，4410] Hz。第三最小代价函数值为–0.1029，对应的频带为[2490，2910] Hz。虽然实际情况中第三最小代价函数值对应的频带才是最优共振频带，但由于采用了峰度系数为指标，选出的共振频带并非最优频带。以峰度系数为指标选择的共振频带对应的包络谱如图 3-11 所示，也无法正确识别滚动轴承的故障状态。

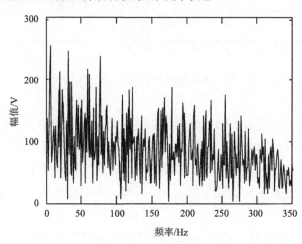

图 3-11　以峰度系数为指标的共振频带包络谱

　　从以上三个对比测试可知，对于图 3-1 所示的仿真故障轴承振动信号，单独使用峭度、平滑因子或峰度系数都无法正确定位到最优共振频带，而使用模糊贴近度融合三个指标就可以正确地定位最优共振频带。

3.2.3　实验测试

　　本节除了采用仿真信号对所提出的方法进行评估外，还采集了实际的滚动故障轴承信号进行测试。实验在滚动轴承健康状态智能监测实验平台上进行，该实验平台的结构如图 3-12 所示。实验平台上一个飞轮安装在由电机驱动的轴上，该电机的速度由变频器进行控制（Hitachi，SJ200-022NFU），轴的两端分别安装有相同的滚动轴承［型号为 ER-16K（MB），内径、外径、滚珠直径分别为 1 in[①]、1.548 in、0.3125 in，共 9 个滚珠］，其中左边轴承有内圈故障。实验中在左边轴承上安装有加速度传感器（Montronix VS100-100）来采集振动信号，并由数据采集卡（NI，AT-MIO-16DE-10）传输到计算机进行故障识别。

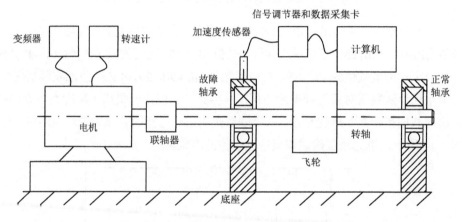

图 3-12　滚动轴承健康状态监测实验平台

　　为了测试所提出的滚动轴承健康状态监测方法，实验中分别使用一个内圈故障轴承和一个外圈故障轴承，同时采用加速度传感器采集滚动轴承的振动信号。根据轴承的结构参数，其外圈故障的特征频率计算为转动频率的 3.59 倍频，内圈故障的特征频率计算为转动频率的 5.41 倍频，本部分实验中设置的采样频率为 12 kHz。

　　首先设置转轴的转速为 495 r/min，对应的外圈故障特征频率计算为 f_o=29.62 Hz。图 3-13 和图 3-14 分别画出了所采集的轴承振动信号的时域波形和频谱。

---

　① 1 in=2.54 cm。

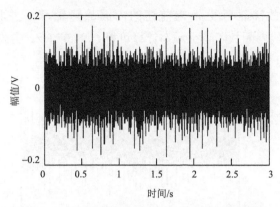

图 3-13　实验中滚动轴承振动信号的时域波形

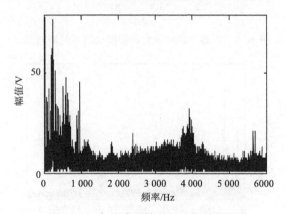

图 3-14　实验滚动轴承振动信号的频谱

　　采用前面提出的多指标模糊融合的细分频谱合并方法，最优频带定位为 [1050，1950] Hz，最优频带的包络谱如图 3-15 所示，可以看到外圈故障特征频率 f_o 的前 5 倍频，因此可以诊断出该滚动轴承存在外圈故障。

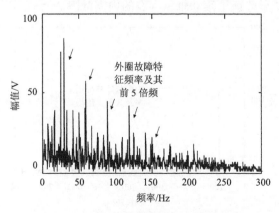

图 3-15　外圈故障滚动轴承实验监测结果

　　然后将外圈故障轴承更换为前述的内圈故障轴承，并将转轴转速调到 1010 r/min，对应的内圈故障特征频率计算可得 f_i=91.07 Hz。实验采集的振动信号时域波形和频谱分别如图 3-16 和图 3-17 所示。

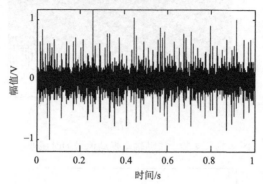

图 3-16　内圈故障轴承实验的振动信号时域波形

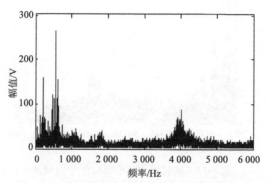

图 3-17　内圈故障轴承实验的振动信号的频谱

　　采用本节所提出的方法进行健康监测，获得最优频带为[4550，6000] Hz，其对应的最优包络谱如图 3-18 所示。从图 3-18 中可以显著识别内圈故障特征频率 f_i 的前 7 倍频，实验结果验证了滚动轴承存在的内圈故障。

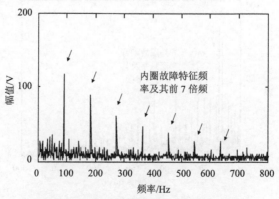

图 3-18　内圈故障轴承实验的健康监测结果

3.3　信息负熵多尺度灰色聚类识别轴承故障

滚动轴承在接触面处的局部故障常可以通过其振动信号的脉冲特征来表征，而且由于转动的连续性，还会产生重复性的脉冲[8]。通过提取振动信号中的重复性瞬态信号，可以对滚动轴承的健康状态进行智能监测和管理。此外，滚动轴承由于局部故障产生的重复性瞬态信号不仅包括脉冲信号，还包括一些周期性平稳信号[9]。理想状况下，最大脉冲信号和周期性平稳信号都与振动信号的带通滤波器最优频带相关[10]，许多学者分别提出了提取脉冲信号或周期性平稳信号的方法，主要包括采用时域、频域、小波域及其他滤波器[11-14]。

为评估故障振动信号的冲击特征，Bozchalooi 等[15]提出了一种基于平滑因子的振动信号去噪和故障检测方法，Antoni 等[16]应用峭度来表征脉冲信息，Cerrada 等[17]提出应用峰值能量指标以选择轴承的共振带，Obuchowski 等[18]应用统计学知识（如 Jarque-Bera 统计量、Kolmogorov-Smirnov 检验、Cramer-von Mises 检验、Anderson-Darling 等）得到信息频带的局部最优值。Li 等[19]还引入了一种指标融合方法以对轴承信号进行解调。

另外，有学者研究了周期性平稳信号的表征方法。Braun 等[20]提出了一种周期平稳分析方法的模型，即采用同步平均能量法对信号进行处理。Barszcz 等[21]将周期平稳的一些变量（如解调信号包络谱幅值的峭度）以指导选择最优频带。Borghesani 等[22]分析了峭度指标和基于包络指标之间的关系，将周期频域里提取的周期峭度比值用于滚动轴承的故障诊断。

信息谱方法综合考虑脉冲信号和周期性平稳信号[23]，可以有效应用于滚动轴承的故障诊断。在时域信号中，应用信息谱平方包络（Squared Envelope，SE）的谱负熵提取脉冲特征；在频域信号中，又可以利用信息谱平方包络谱负熵以提取周期平稳特征。然后，由这两个谱负熵就可以得到平方包络信息谱和平方包络谱信息谱。通过计算平方包络信息谱和平方包络谱信息谱的平均值，就可以得到测量重复瞬态特征和脉冲特征的平均信息谱。但是，现有的信息谱方法仍然存在一定的缺陷。已报道的三种信息谱都有各自的局限性，平方包络信息谱不适用于周期平稳信号，而平方包络谱信息谱又不适用于处理脉冲信号，平均信息谱则是介于两者之间的一种折中方式。受到信息谱研究进展的启发，本节介绍一种用于故障诊断的多尺度灰色聚类信息谱（Multiscale Clustered Grey Infogram，MCGI）的方法。基于信息谱的多尺度分解，利用分层聚类方法以将相似的部分划分为一个类。利用灰色评估策略，结合时域谱负熵和频域谱负熵指导多尺度聚类。这样，就可以得到既包括脉冲信号又包括周期性平稳信号的最优频带。将所得到的最优频带应用于相应振动信号滤波，从而可以提取滚动轴承健康监测的重复性瞬态信号。

3.3.1　多尺度灰色聚类信息谱的建立

1. 谱负熵和信息谱的基本概念

熵的概念来源于热力学，是一种描述偏离平衡状态的度量指标[24]。受到熵这一概念的启发，可以将谱负熵引入到信号处理中，以提取重复性瞬态信号的特征[25]，对于滚动轴承的振动信号 $x(t)(t=1,2,\cdots,T)$，相应的平方包络频带为 $f\pm\Delta f$：

$$SE_x(t;f,\Delta f) = \left| x(t;f,\Delta f) + \mathrm{j}\mathrm{H}(x(t;f,\Delta f)) \right|^2 \tag{3-29}$$

式中，$\mathrm{H}(\cdot)$ 为希尔伯特变换。

根据式（3-29），定义时域谱负熵为

$$\Delta I_e(f,\Delta f) = \frac{1}{T}\sum_{t=1}^{T} \frac{SE_x(t;f,\Delta f)^2}{\overline{SE_x(t;f,\Delta f)^2}} \ln\left(\frac{SE_x(t;f,\Delta f)^2}{\overline{SE_x(t;f,\Delta f)^2}} \right) \tag{3-30}$$

式中，"$\overline{}$"为取平均操作。准确来说，时域谱负熵可以看作谱峭度的权值 $\ln(SE_x(t;f,\Delta f)^2 / \overline{SE_x(t;f,\Delta f)^2})$。在滚动轴承故障诊断过程中，谱峭度可以用来识别脉冲特征，还能够通过 $\Delta I_e(f,\Delta f)$ 得到频带 $f\pm\Delta f$ 中的脉冲特征。

根据上述描述可知，滚动轴承的故障不仅存在脉冲信号，还有周期性平稳信号，该周期平稳信号可以通过频域谱负熵 ΔI_E 表示：

$$\Delta I_E(f,\Delta f) = \frac{2}{T}\sum_{\alpha=1}^{T/2} \frac{SES_x(\alpha;f,\Delta f)^2}{\overline{SES_x(\alpha;f,\Delta f)^2}} \ln\left(\frac{SES_x(\alpha;f,\Delta f)^2}{\overline{SES_x(\alpha;f,\Delta f)^2}} \right) \tag{3-31}$$

式中，$SES_x(\alpha;f,\Delta f)$ 又可表示为

$$SES_x(\alpha;f,\Delta f) = \mathbb{F}(SE_x(t;f,\Delta f)) \tag{3-32}$$

式中，$\mathbb{F}(\cdot)$ 为频域变量 α 的傅里叶变换。在对滚动轴承进行振动信号健康监测的过程中，需要充分利用信号的剩余随机部分计算频域谱负熵 ΔI_E。

由于重复性瞬态信号往往会使频域和时域信号的谱负熵值偏高，因此，可以通过平均谱负熵得到重复性瞬态信号特征：

$$\Delta I_{1/2}(f,\Delta f) = \Delta I_e(f,\Delta f)/2 + \Delta I_E(f,\Delta f)/2 \tag{3-33}$$

为得到前述的谱负熵值，如 $\Delta I_e(f,\Delta f)$、$\Delta I_E(f,\Delta f)$、$\Delta I_{1/2}(f,\Delta f)$、平方包络信息谱、平方包络谱信息谱及平均信息谱，可以应用短时傅里叶变换、多带滤波器和小波变换等方法，通过一系列子带划分，对振动信号进行平均分解[26]。一个典型的多尺度平均解调频率轴划分如下：

$$(\Delta f)_{ij} = F_s / b_3 \tag{3-34}$$

式中，$(\Delta f)_{ij}$ 为第 i 个尺度的第 j 个子带，F_s 为原始傅里叶谱，$b_3 = n(i)(n(i) < n(i+1))$ 为第 i 尺度内的子带数量。其中，$n(i)$ 又可以进行幂分解，如 $n(i)$ 可被分解为 $n(i)$ $n(i) = 2^i$，$n(i) = i$ [26]。多尺度平均分解的一般特性主要包括以下两点：①傅里叶谱被划分为多个尺度；②在同一个层次中，所有子带的长度一致。

通过这种方法不仅能够得到脉冲信号，还能够通过平方包络信息谱得到局部脉冲信息。此外，从平方包络信息谱中还能得到重复性瞬态信号，最接近最大限度 Hirschman 不确定性原理的信息则可以通过平均信息谱得到。根据前述可知，在这一过程中，原始信息也会存在一定的缺陷。下面提出一种多尺度聚类方法，以提高最优频带划分的准确性。

2. 信息谱的多尺度聚类

假设 b_1 和 b_2 分别为频带的整数上界和下界，l_b 为离散傅里叶谱的整数长度，具有以下定理。

定理 3.1 当存在与 l_b 相关的因子 b_3 时，傅里叶谱的多尺度平均分解决定最优频带的次最优解。

$$(b_1 - 1) / b_3 + 1 = b_2 / b_3 \tag{3-35}$$

证明 假设在某一尺度下的子带长度为 b_3，每个子带的上界和下界为 $\{[0,b_3],[b_3+1,2b_3],\cdots,[ib_3+1,(i+1)b_3],\cdots,[l_b-b_3+1,l_b]\}$。对任意 b_1，b_2 可表示为

$$b_1 = ib_3 + 1, b_2 = (i+1)b_3 \tag{3-36}$$

这说明，式（3-35）为定理 3.1 的充分条件。同时，由式（3-35）还可以得到 $b_2 - b_1 + 1 = b_3$。如果 b_3 不是与 l_b 有关的因子，那么通过傅里叶谱的平均划分就不能得到 b_2 和 b_1。

证明完。

在定理 3.1 的基础之上，能够得到以下结论：在大多数情况下，最优信息带并不能通过经典多尺度平均分解得到的。因此，本书提出了一种基于多尺度聚类的改进信息谱方法。

在下面的多尺度聚类方法中，仍然利用式（3-34）得到傅里叶谱的多尺度信息。不同的是，这里采用的是设置某一尺度内的一组连续子带作为最优频带[27]，如（$C_{ik}=[(\Delta f)_{ij},(\Delta f)_{ij+1},(\Delta f)_{ij+2},\cdots]$），而不只选择一个子带，如$(\Delta f)_{ij}$。由此，得到最优频带：

$$\begin{cases}(\Delta f)_{iopt}=C_{iopt},\ \text{s.t.}\ \min(\min A_{ik})\\(\Delta f)_{opt}=C_{opt},\ \text{s.t.}\min A_{iopt}\end{cases} \tag{3-37}$$

式中，A_{ik}为第i个尺度的第k个聚类的代价函数，C_{iopt}为第i个最优聚类（第i个尺度最优聚类），C_{opt}为用多尺度聚类得到的最小代价函数A_{iopt}最优频带。其中，可通过谱负熵的倒数定义代价函数：

$$A_{ik}^{e}=1/\Delta I_{e}(f,C_{ik}),\ A_{ik}^{E}=1/\Delta I_{E}(f,C_{ik}),\ A_{ik}^{1/2}=2/\Delta I_{e}(f,C_{ik})+2/\Delta I_{E}(f,C_{ik}) \tag{3-38}$$

式中，A_{ik}^{e}、A_{ik}^{E}和$A_{ik}^{1/2}$分别为时域谱负熵的代价函数、频域谱负熵的代价函数及平均谱负熵的代价函数。在本部分，如果没有特别说明，多尺度聚类中直接将A_{ik}^{e}简写为A_{ik}。

基于以上分析，下面给出所提出的多尺度聚类方法。

第一步，利用式（3-34），将振动信号$x(t)$的傅里叶谱F_{s}分解到多个尺度$i=1,2,\cdots,I$，为得到初始子带$B_{ik}=[b_{1ik},b_{2ik}]=(\Delta f)_{ij}$，$k=1,2,\cdots,b_{3i}$。

第二步，通过以下步骤得到第i个尺度的最优聚类C_{iopt}及其代价函数A_{iopt}。

（1）利用公式（3-38），计算每个子带B_{ik}的代价函数A_{ik}。假设合并子带$MB_{ik}=[B_{ik},B_{i,k+1}]$，计算每次合并后的合并代价函数$MA_{ik}$；

（2）只有当满足以下条件时，找出最小合并代价函数MA_{im}，并合并其相应的两个子带B_{im}和。$B_{i,m+1}$否则，令$MA_{im}\to+\infty$，转到步骤（4），

$$MA_{im}\leqslant A_{im},MA_{im}\leqslant A_{i,m+1} \tag{3-39}$$

（3）更新子带的上界和下界为

$$b_{2(i,m+1)}\to b_{2im},\cdots,b_{2(i,m+2)}\to b_{2(i,m+1)},\cdots,\ \text{以及}\ b_{1(i,m+2)}\to b_{1(i,m+2)},\cdots \tag{3-40}$$

此时，由于新的子带B_{im}代表原始频带$[B_{im},B_{i,m+1}]$合并后的频带，因此，也要同时更新MA_{im}和$MA_{i,m-1}$；

（4）令$b_{3i}-1\to b_{3i}$，如果$MA_{im}<+\infty$且$b_{3i}>1$，转到步骤（2）。否则，输出结果$\min B_{ik}\to C_{iopt}$及$\min A_{ik}\to A_{iopt}$。

第三步，令$i+1\to i$。如果$i\leqslant I$，转到第二步。否则，输出最终结果

$C_{iopt} \rightarrow C_{opt} = (\Delta f)_{iopt}$ 和 $\min A_{iopt} \rightarrow A_{opt}$。

结束。

通过以上所述的多尺度聚类方法，可以得到聚类最优频带 Δf_{opt}。与经典最优平均划分信息谱相比，当尺度 I 足够大时，多尺度聚类方法能够得到聚类最优频带 Δf_{opt} 所有可能的上界和下界。那么，既然理论上单尺度分解已经能够找到聚类最优频带 Δf_{opt}，为什么还要用多尺度来分解呢？之所以采用多尺度分解，主要考虑两个原因：①谱负熵与频带的长度相关；②谱负熵中杂乱的子带太多。因此，若尺度 I 太大，可能会得到不准确的负熵值，但尺度 I 太小，又不能提高精度。这就需要我们在选择合适尺度时折中考虑。在计算机信息处理过程中，聚类过程往往容易产生局部最优。为避免产生局部最优，C_{iopt} 只能是次最优解。多尺度思想更像是一个基于组装的方法，能够尽可能找到最优解。

值得注意的是，在上述多尺度聚类方法中，代价函数起着非常重要的作用。因此，后面将通过灰色评估的方法，结合时域谱负熵和频域谱负熵以得到多尺度聚类，从而代替第一步中的原始代价函数。

3. 谱负熵的灰色评估

在最初的信息谱理论中，$\Delta I_e(f, \Delta f)$ 主要用来得到时域平方包络信息谱，$\Delta I_E(f, \Delta f)$ 主要用来得到频域平方包络信息谱，而 $\Delta I_{1/2}(f, \Delta f)$ 则主要用来得到平均信息谱。那么在滚动轴承振动健康监测中，究竟哪种信息谱更适合得到最优频带呢？一方面，在滚动轴承故障诊断过程中，脉冲信号是一个很重要的健康因子，所以需要考虑 $\Delta I_e(f, \Delta f)$ 以得到时域平方包络信息谱；另一方面，周期性平稳信号是另一个重要的健康因子，所以也要考虑 $\Delta I_E(f, \Delta f)$ 以得到频域平方包络信息谱。这样看来，既然平均信息谱是脉冲信号和周期性平稳信号两者的折中，是不是也需要考虑 $\Delta I_{1/2}(f, \Delta f)$ 呢？当脉冲信号和周期性平稳信号同样强或同样弱时，此时最好用 $\Delta I_{1/2}(f, \Delta f)$，但这种情况极少发生，在实际应用中这种情况也是不常见的。为了能够同时解调脉冲信号和周期性平稳信号，这里基于灰色信息谱理论提出了一种灰色组合策略方法以解决该问题。

值得注意的是，经典信息谱理论并不适用于该灰色组合策略，但多尺度聚类灰色评估仍然可用于 A_{ik}，子带 B_{ik} 中代价 A_{ik} 的两种谱信息熵。灰色评估可表示为

$$A_{ik} = G(A_{ik}^e, A_{ik}^E) \tag{3-41}$$

式中，$G(\cdot)$ 为灰色组合函数。

初始子带为 $\{B_{i1}, B_{i2}, \cdots, B_{ik}, \cdots, B_{i,b3i}\}$ 的第 i 个尺度分解瞬时分量可表示为

$\{x_{i1}(t;f,(\Delta f)_{i1}),x_{i2}(t;f,(\Delta f)_{i2}),\cdots,x_{ik}(t;f,(\Delta f)_{ik}),\cdots,x_{i,b3i}(t;f,(\Delta f)_{i,b3i})\}$，此时，对应的时域谱负熵为 $\{A_{i1}^e,A_{i2}^e,\cdots,A_{ik}^e,\cdots,A_{i,b3i}^e\}$，频域谱负熵为 $\{A_{i1}^E,A_{i2}^E,\cdots,A_{ik}^E,\cdots,A_{i,b3i}^E\}$，相应的无量纲时域谱为

$$\tilde{A}_{ik}^e = G\left(A_{ik}^e \ / \ \bar{A}_i^e \right) \tag{3-42}$$

式中，"～"表示无量纲运算，$\bar{A}_i^e$ 为时域谱负熵代价的平均值。采用灰色白化函数计算时域谱负熵代价的灰色隶属度：

$$D_{ik}^e = \sum_{k=1}^{d_{3i}} g\left(\tilde{A}_i^e \right) \tag{3-43}$$

式中，$g(\cdot)$ 为灰色白化函数。为计算 $g(\cdot)$，需对代价函数值进行排序。假设 $\tilde{A}_{ik-}^e$ 和 $\tilde{A}_{ik+}^e$ 分别为 $\tilde{A}_{ik}^e$ 按降序排列的左右连续数据，对任意的代价函数值 z^e，可用一线性函数将其白化：

$$g(z^2) = \begin{cases} 0, & z^e < \tilde{A}_{ik-}^e \\[2mm] \dfrac{z^e - \tilde{A}_{ik-}^e}{\tilde{A}_{ik+}^e - \tilde{A}_{ik-}^e}, & \tilde{A}_{ik-}^e \leqslant z^e \leqslant \tilde{A}_{ik+}^e \\[2mm] 1, & z^e > \tilde{A}_{ik-}^e \end{cases} \tag{3-44}$$

需要指出的是，当数值较小时，难以得到 $\tilde{A}_{ik-}^e$ 的值；数值较大时，又不容易得到 A_{ik+}^e 的值。在这种情况下，就需要考虑设置一平均间隔以区分虚拟的左右连续数据。

同理也可以得到频域谱负熵代价 D_{ik}^E 的灰色分量。这样，在故障诊断中，脉冲信号和周期性平稳信号就具有同等重要地位。在得到灰色分量后，就可以得到新的代价函数 A_{ik}：

$$A_{ik} = D_{ik}^e + D_{ik}^E \tag{3-45}$$

通过这种方法就能够得到信息谱的初始代价函数。在每个合并 MB_{ik} 聚类过程中都能够得到相应的瞬时向量 $z_{ik}(t)$。将 z 代入公式（3-44）中可以得到合并代价函数 MA_{ik}。再用上述介绍的灰色评估来指导多尺度聚类，就得到振动信号 $x(t)$ 的多尺度灰色聚类信息谱表示。

3.3.2　多尺度灰色聚类信息谱方法在轴承智能健康监测中的应用

在多尺度灰色聚类信息谱应用过程中，应当确定最大尺度 I 及其对应子带数

量 b_{3I}。一般来说，可以采用类似于谱峭度的方法，可以按照经验确定尺度 I，如对应于 $n(i) = [2^{i/2}]$，取 $I = 18$。

通过生成多尺度灰色聚类信息谱，就可以确定最优频带 $(\Delta f)_{\text{opt}} = C_{\text{opt}}$，周期冲击特征就可以计算如下：

$$x_{\text{opt}}(t) = \mathbb{F}^{-1}(X((\Delta f)_{\text{opt}})) \tag{3-46}$$

式中，$\mathbb{F}^{-1}(\cdot)$ 表示傅里叶逆变换，$X((\Delta f)_{\text{opt}})$ 表示 $(\Delta f)_{\text{opt}}$ 对应的系数。根据计算所得的周期冲击特征，就可以监测滚动轴承中可能存在的故障问题。例如，轴承故障的特征频率可以由 $x_{\text{opt}}(t)$ 的包络谱计算得

$$V(f) = F\left|x_{\text{opt}}(t) + \mathrm{j}H(x_{\text{opt}}(t))\right| \tag{3-47}$$

根据前述分析，可以总结采用多尺度灰色聚类信息谱提取周期冲击特征的过程如图 3-19 所示，具体步骤如下。

第一步，采集滚动轴承的振动信号 $x(t)$。

第二步，计算其傅里叶谱，并将其分解到 I 个尺度。

第三步，进行灰色评估，通过多尺度聚类生成多尺度灰色聚类信息谱。

第四步，从多尺度灰色聚类信息谱中辨识最优频带 $(\Delta f)_{\text{opt}}$。

第五步，对最优频带进行傅里叶逆变换，得到振动信号中的周期冲击分量。

第六步，根据周期冲击分量的信息，对滚动轴承的健康状态进行监测和评估。

结束。

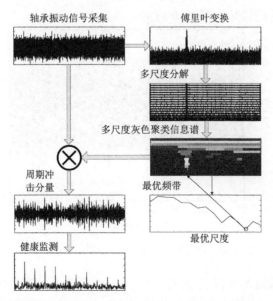

图 3-19　利用多尺度灰色聚类信息谱提取周期冲击信息进行轴承健康监测的流程图

3.3.3　仿真信号评估

基于滚动轴承故障振动信号模型[28]，仿真轴承振动信号为

$$x(t) = A(t)\sum_q s(t - q/f_c) + \delta(t) + \theta(t) \tag{3-48}$$

式中，$A(t)$为周期冲击分量的幅值，$\delta(t)$是包括随机噪声和冲击噪声的噪声分量，$\theta(t)$是由谐波干扰和调制干扰组成的干扰分量，q是冲击的数量，f_c是故障特征频率，$s(t)$为周期冲击响应函数，表达如下：

$$s(t) = \begin{cases} e^{-b_w t}\sin(2\pi f_0 t), & t > 0 \\ 0, & t \leqslant 0 \end{cases} \tag{3-49}$$

式中，b_w为带宽，f_0为最优频带的中心频率。仿真过程中，取采样频率f_s=50 kHz，采样时间为 1 s。

1. 含冲击噪声的仿真故障轴承信号分析

令仿真的故障轴承信号参数如下：$G(t)$ = [1.3, 1.8] V，b_w = 860 Hz，f_c = 47 Hz，f_0= 8.3 kHz，然后在仿真信号中加入两个正弦分量 0.3sin(183πt)和 0.2cos(27πt)作为谐波干扰 $\theta(t)$，接下来在仿真信号的 0.82 秒处加入一个幅值为 6.5 V、共振频率 18.5 kHz、带宽为 490 Hz 的冲击噪声，最后再加入信噪比–15 dB 的高斯白噪声，生成的仿真轴承振动信号如图 3-20 所示。

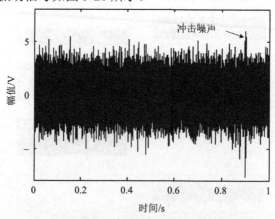

图 3-20　含冲击噪声的仿真故障轴承振动信号

选择分解方式为 b_3 = [$2^{i/2}$] (i=1, 2, ···, 8)，生成多尺度灰色聚类信息谱结果如图 3-21 所示。

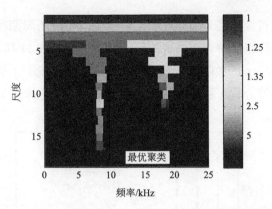

图 3-21　含冲击噪声振动信号的多尺度灰色聚类信息谱结果

对每一分解尺度，对应于最小代价函数值的类用于生成最优尺度，其结果如图 3-22 所示。

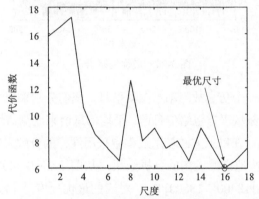

图 3-22　含冲击噪声振动信号的最优尺度的确定

从图 3-22 可以看出，最优尺度是 16，该尺度下对应的信息谱可以从图 3-21 看出，其灰色聚类结果如图 3-23 所示，其对应的最优频带为[7761，8730] Hz。

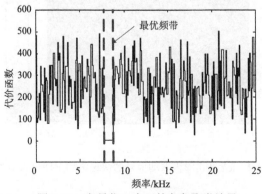

图 3-23　在最优尺度下的灰色聚类结果

利用最优频带对原始信号进行滤波，可以提取相应的周期冲击信号。对提取的周期冲击信号进行包络解调，生成的最优包络谱如图 3-24 所示。从图 3-24 中可以明显地辨识 47 Hz 的故障特征频率及其多次谐波，表明了仿真轴承中存在故障。从本次仿真信号分析可以发现，所介绍的多尺度灰色聚类信息谱方法可以不受冲击噪声的影响。

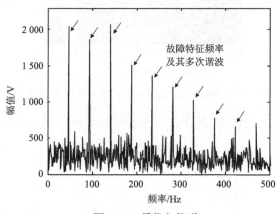

图 3-24　最优包络谱

接下来，针对同一个仿真故障轴承振动信号，我们分别采用快速谱峭度图、时域平方包络信息谱、频域平方包络信息谱、平均信息谱来监测信号中隐藏的健康状态信息。为公平起见，在以上方法使用过程中采用同样的分解尺度（$b_3 = [2^{i/2}]$）。

图 3-25 示出了快速谱峭度图的分析结果，从图 3-25 中可知，由快速谱峭度图确定的最优频带为[18400，18800] Hz，对应的最优尺度是 14。

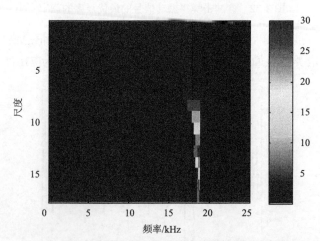

图 3-25　含冲击噪声振动信号的快速谱峭度图分析结果

图 3-26 示出了时域平方包络信息谱的分析结果，根据时域平方包络信息谱，

最优尺度为 11，对应的最优频带为[18350，18850] Hz。

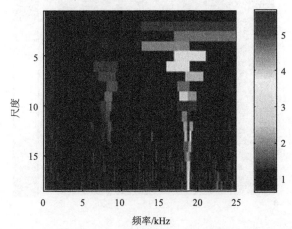

图 3-26　含冲击噪声振动信号的时域平方包络信息谱分析结果

从图 3-25 和图 3-26 可知，快速谱峭度图和时域平方包络信息谱分析的结果很接近，但很遗憾的是，由于冲击噪声的干扰，这两个结果都是错误的。接下来，我们生成频域平方包络信息谱的分析结果，如图 3-27 所示。从图 3-27 中可知，最优频带为[7850，8550] Hz，对应的尺度为 10。通过对比仿真信号参数可知，频域平方包络信息谱生成的结果是正确的。

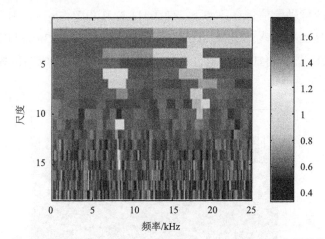

图 3-27　含冲击噪声振动信号的频域平方包络信息谱分析结果

接下来利用时域平方包络信息谱和频域平方包络信息谱，生成平均信息谱，如图 3-28 所示。平均信息谱既考虑了轴承故障信号中的冲击特征，又考虑了循环平稳特征。但是，由于对冲击特征和循环平稳特征的权重完全相同，所以辨识的最优频带仍然是错误的（[17950，18750] Hz，对应的尺度为 10）。

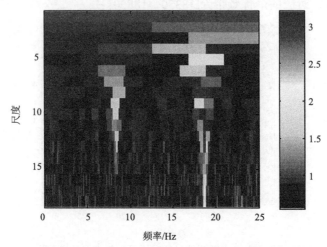

图 3-28   含冲击噪声振动信号的平均信息谱分析结果

通过以上仿真信号分析可知，对于含冲击噪声的故障轴承振动信号分析，频域平方包络信息谱与 MCGI 的有效性相近，但是快速谱峭度图、时域平方包络信息谱、平均信息谱则容易受到冲击噪声的干扰，导致错误的最优频带辨识结果。

2. 具有高周期性的仿真故障轴承信号分析

令仿真的故障轴承信号参数如下：$G(t) = [1.3，1.8]$ V，$b_w = 78$ Hz，$f_c = 87$ Hz，$f_0 = 8.3$ kHz，然后在仿真信号中加入两个正弦分量 $0.3\sin(183\pi t)$ 和 $0.2\cos(27\pi t)$ 作为谐波干扰 $\theta(t)$，最后再加入信噪比–5 dB 的高斯白噪声，生成的仿真轴承振动信号如图 3-29 所示。

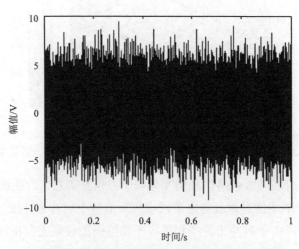

图 3-29   具有高周期性的仿真故障轴承振动信号

对于如上图所示的仿真信号，生成多尺度灰色聚类信息谱结果如图 3-30 所示。从图 3-30 中可以辨识最优频带（最优聚类）为[8450，8950] Hz，对应的最优尺度为 16。

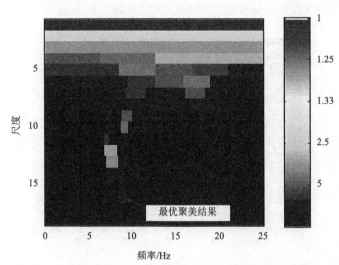

图 3-30　具有高周期性的振动信号的多尺度灰色聚类信息谱结果

利用最优频带对原始信号进行滤波，然后对所提取的周期冲击信号进行包络解调，最后生成的最优包络谱如图 3-31 所示。从图 3-31 中可以明显地辨识故障特征频率及其 5 倍频。结果表明，多尺度灰色聚类信息谱对于具有高周期性的振动信号仍然具有准确的健康状态监测能力。

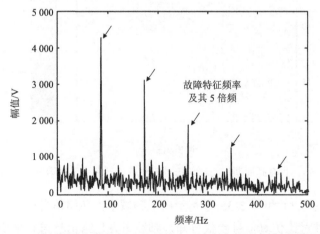

图 3-31　具有高周期性的振动信号的多尺度灰色聚类信息谱最优包络谱

同样地，接下来分别采用快速谱峭度图、时域平方包络信息谱、频域平方包络信息谱、平均信息谱来分析同一个具有高周期性的仿真故障轴承振动信号。图 3-32 和图 3-33 分别展示了快速谱峭度图和时域平方包络信息谱分析结果。从图 3-32 和图 3-33 中可知，快速谱峭度图和时域平方包络信息谱都无法正确地识别仿真信号中植入的高周期性分量，这是由峭度和时域谱负熵的定义所决定的。

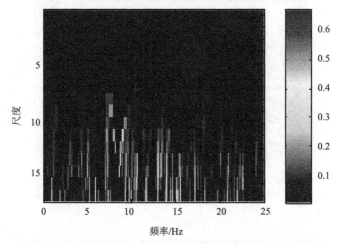

图 3-32　具有高周期性的振动信号的快速谱峭度图分析结果

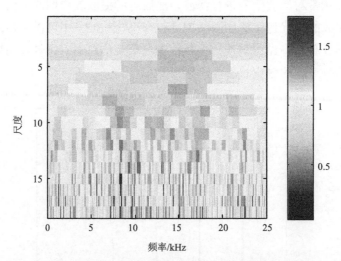

图 3-33　具有高周期性的振动信号的时域平方包络信息谱分析结果

一方面，图 3-34 和图 3-35 分别示出了频域平方包络信息谱和平均信息谱的分析结果。通过对比仿真信号参数可知，频域平方包络信息谱和平均信息谱都能够正确识别高周期性分量。通过分析频域谱负熵的定义可知，频域平方包络信息谱对循环平稳特征是非常敏感的，因此可以识别仿真故障信号中的高周期性分量。

另一方面，在平均信息谱中，循环平稳特征也占有一半的权重，该权重使得平均信息谱在本次信号分析中成功监测到了仿真故障轴承中的故障特征。

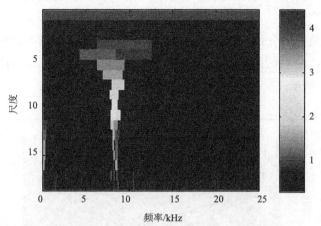

图 3-34　具有高周期性的振动信号的频域平方包络信息谱分析结果

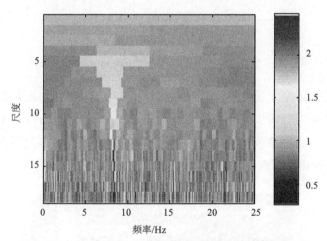

图 3-35　具有高周期性的振动信号的平均信息谱分析结果

对于以上仿真信号，通过分析可知，对于高周期性的故障轴承振动信号，频域平方包络信息谱、平均信息谱和 MCGI 都能够有效识别故障状态，但是快速谱峭度图、时域平方包络信息谱则生成了错误的最优频带辨识结果。

3. 含齿轮啮合干扰的仿真故障轴承信号分析

令仿真的故障轴承信号参数如下：$G(t) = [1.3, 1.8]$ V，$b_w = 860$ Hz，$f_c = 10$ Hz，$f_0 = 18.3$ kHz，然后在仿真信号中加入一个仿真尺度啮合干扰 $\theta(t)$，最后再加入信

噪比−10 dB 的高斯白噪声。对于仿真的齿轮啮合干扰，采用如下方式生成：

$$x(t) = \sum_{i=1}^{11}(1.3 - 0.01i)\cos(i2\pi \times 12 \times 7t) + 0.1(2\pi \times 7t) \qquad (3-50)$$

式中，右边的第一部分代表齿轮啮合频率的 11 次谐波，仿真的齿轮次数为 12，转动频率为 7 Hz；右边的第二部分代表频率调制函数。最终生成的仿真轴承振动信号如图 3-36 所示。

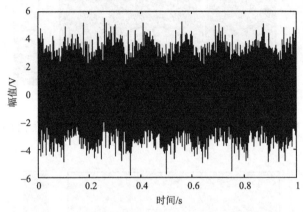

图 3-36　含齿轮啮合干扰的仿真故障轴承振动信号波形

对于如图 3-36 所示的仿真信号，生成多尺度灰色聚类信息谱结果如图 3-37 所示。从图 3-37 中可以辨识最优频带（最优聚类）为[17950，18750] Hz，对应的最优尺度为 12。与仿真参数 b_w = 860 Hz 和 f_0 =18.3 kHz 相比，多尺度灰色聚类信息谱提取的周期冲击特征准确性非常好。

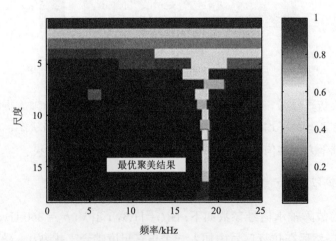

图 3-37　含齿轮啮合干扰的仿真故障轴承振动信号的多尺度灰色聚类信息谱结果

同样分别采用快速谱峭度图、时域平方包络信息谱、频域平方包络信息谱、平均信息谱 4 种方法来比较分析这个含齿轮啮合干扰的仿真故障轴承振动信号。图 3-38 和图 3-39 分别展示了快速谱峭度图和时域平方包络信息谱。对于含齿轮啮合干扰的仿真故障轴承振动信号，从图中可知，快速谱峭度图和时域平方包络信息谱都有效地识别了最优频带，表明了快速谱峭度图和时域平方包络信息谱对含齿轮啮合干扰的仿真故障轴承振动信号的有效性。

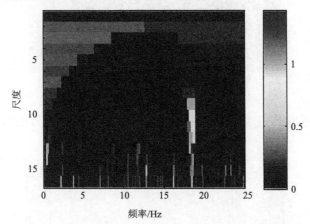

图 3-38　含齿轮啮合干扰的仿真故障轴承振动信号的快速谱峭度图分析结果

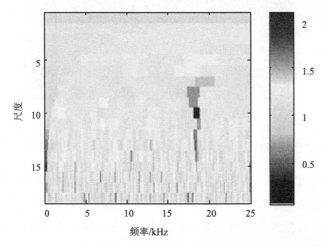

图 3-39　含齿轮啮合干扰的仿真故障轴承振动信号的时域平方包络信息谱分析结果

图 3-40 和图 3-41 分别展示了频域平方包络信息谱和平均信息谱的分析结果。一方面，与上两次仿真信号分析结果不同，频域平方包络信息谱错误地把最优频带辨识为[0，150] Hz，但其实这是齿轮啮合干扰；另一方面，平均信息谱正确地识别了最优频带，这主要是由其中的时域平方包络信息谱所作出的贡献。

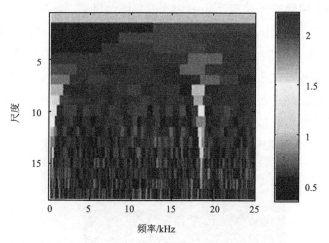

图 3-40　含齿轮啮合干扰的仿真故障轴承振动信号的频域平方包络信息谱分析结果

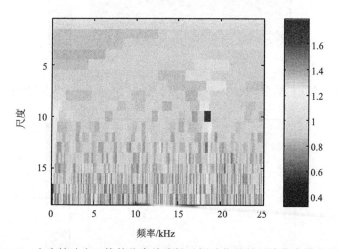

图 3-41　含齿轮啮合干扰的仿真故障轴承振动信号的平均信息谱分析结果

对于以上仿真信号，通过分析可知，对于本例含齿轮啮合干扰的仿真故障轴承振动信号，快速谱峭度图、时域平方包络信息谱、平均信息谱和多尺度灰色聚类信息谱都能够有效识别故障状态，但是频域平方包络信息谱则生成了错误的最优频带辨识结果。

综合以上三个仿真信号分析结果可知，对于不同噪声或干扰下的仿真信号，快速谱峭度图、时域平方包络信息谱、频域平方包络信息谱、平均信息谱 4 种方法都是有时候有效，有时候失效。对于快速谱峭度图来说，其分析结果与信号分量的峭度值高度关联。当信号中存在冲击噪声或者高周期性分量时，对应的峭度值会增大，这时候快速谱峭度图生成的结果可能失效。而时域平方包络信息谱实质上是快速谱峭度图的熵表示,因此同样对冲击噪声或者高周期性分量存在误判。频域平方包络信息谱对循环平稳特征非常敏感,相比之下对冲击特征则缺少敏感性,所以在齿轮啮合干扰条件下无法有效监测故障特征。最后,平均信息谱是时域平方包络信息谱和频域平方包络信息谱的平均合成,其两个组成部分中数值更大的那一个信息谱就会在平均信息谱中占据主导地位。所以平均信息谱对有些信号有效,而对有些信号无效。

另外,多尺度灰色聚类信息谱方法对以上三个仿真信号全部有效,其原因是,多尺度灰色聚类信息谱在冲击特征和循环平稳特征之间采用了一种灰色评估机制,这样冲击特征和循环平稳特征都能够在多尺度灰色聚类信息谱方法中得到有效利用。此外,多尺度灰色聚类信息谱的多尺度聚类可以有效解决最优频带辨识过程的微小分辨率问题。因此,在以上三个仿真信号分析过程中,与其他方法相比,多尺度灰色聚类信息谱表现出了最优的性能。

3.3.4　轴承健康状态监测实验

轴承健康状态监测实验在如图 3-12 所示的实验装置上进行,该实验平台的主要部件包括:西门子(SIEMENS,3~, 2.0HP)驱动电机;连接轴直径为 30 mm;连接轴两端支撑轴承为 SKF 1207EKTN9/C3;安装在轴上的飞轮作为负载;在故障轴承的安装座正上方,安装有加速度传感器(PCB,ICP353C03),用以采集轴承系统的振动信号;振动信号数据采集卡为 NI cDAQ-9234。

实验过程中,振动信号的采样频率设置为 12 kHz,并分别对三个滚动轴承进行了健康状态监测,三个轴承的型号和结构参数相同,如表 3-1 所示,但其中一个预设了内圈故障,一个预设了外圈故障,最后一个完全健康的轴承。

表 3-1　实验轴承的参数

d	D	n	α	BPFI(f_c)	BPFO (f_c)
8.7 mm	53.5 mm	15	0	8.7 f_r	6.3 f_r

注:d 为滚珠直径;D 为轴承节圆直径;n 为每一排滚珠的个数;α 为接触角;BPFO 为外圈故障特征频率;BPFI 为内圈故障特征频率;f_r 为转动频率

1. 内圈故障轴承的健康状态监测实验(内圈故障轴承实验)

为了测试多尺度灰色聚类信息谱方法的有效性,本实验将内圈故障轴承安装在轴承 1 的位置,实验中将变频器固定在 15 Hz,利用加速度计采集振动信号。由于变频器设置频率误差,实际测得的转频是 14.5 Hz。图 3-42 和图 3-43 分别示出了所采集振动信号的波形和频谱。

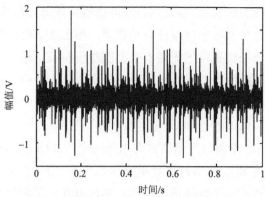

图 3-42　内圈故障轴承实验采集的振动信号的波形

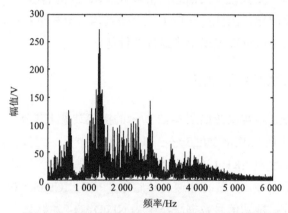

图 3-43　内圈故障轴承实验采集的振动信号的频谱

对所采集的振动信号生成多尺度灰色聚类信息谱表示，其结果如图 3-44 所示。从图 3-44 中可以辨识最优聚类（最优频带）为[3376，6000] Hz，对应的尺度为 8。

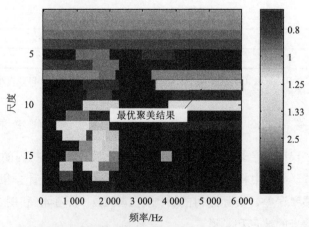

图 3-44　内圈故障轴承实验采集的振动信号的多尺度灰色聚类信息谱表示结果

将最优频带[3376，6000] Hz 作为带通滤波器对采集的振动信号进行滤波，得到最优包络谱如图 3-45 所示。从图中可以清楚地辨识 BPFI 及其 4 倍频，表明所监测的轴承中存在内圈故障，这与事实是相吻合的。

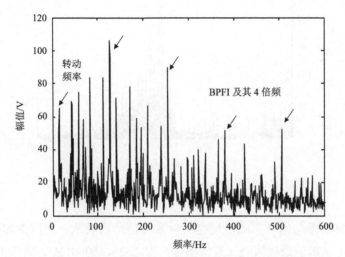

图 3-45　内圈故障轴承实验采集的振动信号的最优包络谱

2. 外圈故障轴承的健康状态监测实验（外圈故障轴承实验）

本实验中，将外圈故障轴承安装在轴承 1 的位置，实验中实际测得的转频是 14.5 Hz。图 3-46 和图 3-47 分别示出了所采集振动信号的波形和频谱。

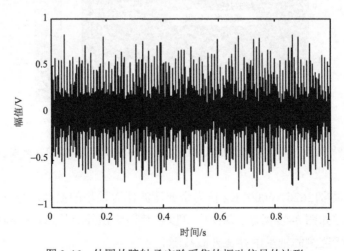

图 3-46　外圈故障轴承实验采集的振动信号的波形

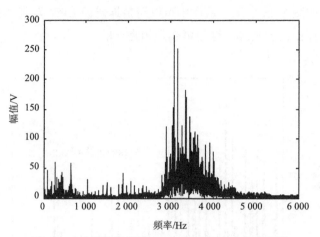

图 3-47　外圈故障轴承实验采集的振动信号的频谱

对所采集的振动信号生成多尺度灰色聚类信息谱表示，其结果如图 3-48 所示，从图中可以辨识最优聚类（最优频带）为[2626，6000] Hz，对应的尺度为 8。

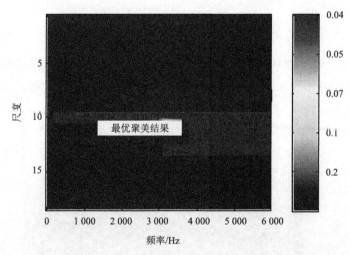

图 3-48　外圈故障轴承实验采集的振动信号的多尺度灰色聚类信息谱表示结果

将最优频带[2626，6000] Hz 作为带通滤波器对采集的振动信号进行滤波，得到最优包络谱如图 3-49 所示。从图中可以清楚地辨识外圈故障特征频率及其高次谐波，表明所监测的轴承中存在外圈故障。

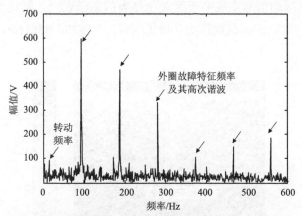

图 3-49　外圈故障轴承实验采集的振动信号的最优包络谱

3. 正常轴承的健康状态监测实验（正常轴承实验）

本实验中，将外内圈故障轴承更换为正常轴承进行实验，轴承的实际转动频率是 14.5 Hz。图 3-50 和图 3-51 分别示出了所采集振动信号的波形和频谱。

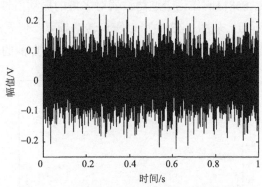

图 3-50　正常轴承实验采集的振动信号的波形

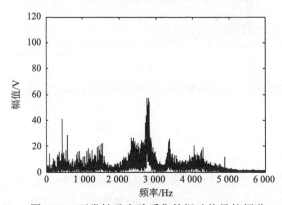

图 3-51　正常轴承实验采集的振动信号的频谱

对所采集的振动信号生成多尺度灰色聚类信息谱表示，其结果如图 3-52 所示，从图 3-52 中可以辨识最优聚类（最优频带）为[528，858] Hz，对应的最优尺度为 15。

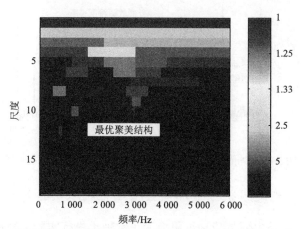

图 3-52　正常轴承实验采集的振动信号的多尺度灰色聚类信息谱表示结果

将最优频带[528，858] Hz 作为带通滤波器对采集的振动信号进行滤波，得到最优包络谱如图 3-53 所示。从图 3-53 中可以辨识转动频率，但无法显著识别内圈故障特征频率或者外圈故障特征频率或其高次谐波，表明所监测的轴承是健康的。

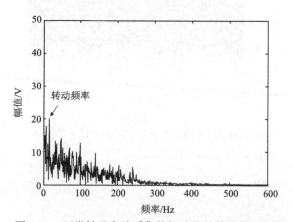

图 3-53　正常轴承实验采集的振动信号的最优包络谱

3.4　小　结

为了实现滚动轴承的振动状态监测和智能健康管理，采用自底向上的方法可以将细分的频谱进行双向合并，采用最小价函数可以获得滚动轴承的最优共振频带。但是，传统的方法采用单一的指标生成的代价函数容易受到干扰。将多个指标参数采用模糊贴近度方法进行数据融合，可以有效提高最优共振频带识别的鲁棒性。将该方法应用于提取滚动轴承振动信号的最优共振频带，生成的最优解调谱对诊断滚动轴承的故障特征具有显著的效果。

本章还介绍了应用于滚动轴承健康状态监测的多尺度灰色聚类信息谱方法。多尺度灰色聚类信息谱一方面利用多尺度分解来提高最优频带的识别精度，另一方面利用灰色评估对时域谱负熵和频域谱负熵进行有效融合，从而根据振动信号中的周期性重复冲击特征来智能监测滚动轴承的健康状态。

参 考 文 献

[1] 李川，朱荣荣，杨帅. 基于多指标模糊融合的滚动轴承故障的最优频带解调诊断方法[J]. 机械工程学报，2015，51(7)：107-114.

[2] Antoni J，Randall R B. The spectral kurtosis：Application to the vibratory surveillance and diagnostics of rotating machines[J]. Mechanical Systems and Signal Processing，2006，20(2)：308-331.

[3] Bozchalooi I S，Liang M. A smoothness index-guided approach to wavelet parameter selection in signal de-noising and fault detection[J]. Journal of Sound and Vibration，2007，308(1)：246-267.

[4] Gryllias K C，Antoniadis I. A peak energy criterion (pe) for the selection of resonance bands in complex shifted morlet wavelet (csmw) based demodulation of defective rolling element bearings vibration response[J]. International Journal of Wavelets，Multiresolution and Information Processing，2009，7(4)：387-410.

[5] 韩峰，杨万海，袁晓光. 基于相关性函数和模糊贴近度的多传感器数据融合[J]. 弹箭与制导学报，2009，29(4)：227-229.

[6] Li C，Liang M. Time-frequency signal analysis for gearbox fault diagnosis using a generalized synchrosqueezing transform[J]. Mechanical Systems and Signal Processing，2012，26：205-217.

[7] Li C，Liang M，Zhang Y，et al. Multi-scale autocorrelation via morphological wavelet slices for rolling element bearing fault diagnosis[J]. Mechanical Systems and Signal Processing，2012，31：428-446.

[8] Saidi L，Ali J B，Fnaiech F. Application of higher order spectral features and support vector machines for bearing faults classification[J]. ISA Transactions，2015，54：193-206.

[9] Lei Y，Kong D，Lin J，et al. Fault detection of planetary gearboxes using new diagnostic parameters[J]. Measurement Science and Technology，2012，23(5)：055605.

[10] Li C，Sanchez R V，Zurita G，et al. Multimodal deep support vector classification with homologous features and its application to gearbox fault diagnosis[J]. Neurocomputing，2015，168：119-127.

[11] Zuo M J，Lin J，Fan X. Feature separation using ICA for a one-dimensional time series and its application in fault

detection[J]. Journal of Sound and Vibration, 2005, 287(3): 614-624.

[12] 李丹丹. 基于集合经验模态分析的滚动轴承故障特征提取[D]. 合肥: 安徽农业大学, 2013.

[13] Kumar R, Singh M. Outer race defect width measurement in taper roller bearing using discrete wavelet transform of vibration signal[J]. Measurement, 2013, 46(1): 537-545.

[14] Li C, Liang M. Continuous-scale mathematical morphology-based optimal scale band demodulation of impulsive feature for bearing defect diagnosis[J]. Journal of Sound and Vibration, 2012, 331(26): 5864-5879.

[15] Bozchalooi I S, Liang M. A smoothness index-guided approach to wavelet parameter selection in signal de-noising and fault detection[J]. Journal of Sound and Vibration, 2007, 308(1): 246-267.

[16] Antoni J, Randall R B. The spectral kurtosis: Application to the vibratory surveillance and diagnostics of rotating machines[J]. Mechanical Systems and Signal Processing, 2006, 20(2): 308-331.

[17] Gerrada M, Sánchez R V, Li C, et al. A review on data-driven fault severity assessment in rolling bearings[J]. Mechanical Systems and Signal Processing, 2018, 99: 169-196.

[18] Obuchowski J, Wyłomańska A, Zimroz R. Selection of informative frequency band in local damage detection in rotating machinery[J]. Mechanical Systems and Signal Processing, 2014, 48(1): 138-152.

[19] Li C, Liang M, Wang T. Criterion fusion for spectral segmentation and its application to optimal demodulation of bearing vibration signals[J]. Mechanical Systems and Signal Processing, 2015, 64: 132-148.

[20] Braun S, Seth B. Analysis of repetitive mechanism signatures[J]. Journal of Sound and Vibration, 1980, 70(4): 513-526.

[21] Barszcz T, Jabłoński A. A novel method for the optimal band selection for vibration signal demodulation and comparison with the Kurtogram[J]. Mechanical Systems and Signal Processing, 2011, 25(1): 431-451.

[22] Borghesani P, Pennacchi P, Chatterton S. The relationship between kurtosis-and envelope-based indexes for the diagnostic of rolling element bearings[J]. Mechanical Systems and Signal Processing, 2014, 43(1): 25-43.

[23] Antoni J. The infogram: Entropic evidence of the signature of repetitive transients[J]. Mechanical Systems and Signal Processing, 2016, 74: 73-94.

[24] Lavenda B H. Statistical Physics: A Probabilistic Approach[M]. New York: Courier Dover Publications, 2016.

[25] Wang Y, Xiang J, Markert R, et al. Spectral kurtosis for fault detection, diagnosis and prognostics of rotating machines: A review with applications[J]. Mechanical Systems and Signal Processing, 2016, 66: 679-698.

[26] Immovilli F, Cocconcelli M, Bellini A, et al. Detection of generalized-roughness bearing fault by spectral-kurtosis energy of vibration or current signals[J]. IEEE Transactions on Industrial Electronics, 2009, 56(11): 4710-4717.

[27] Abonyi J, Feil B, Nemeth S, et al. Modified Gath-Geva clustering for fuzzy segmentation of multivariate time-series[J]. Fuzzy Sets and Systems, 2005, 149(1): 39-56.

[28] Wang T, Liang M, Li J, et al. Bearing fault diagnosis under unknown variable speed via gear noise cancellation and rotational order sideband identification[J]. Mechanical Systems and Signal Processing, 2015, 62: 30-53.

第 4 章　基于数学形态学的滚动
轴承智能健康监测技术

4.1　数学形态学简介

法国学者 Matheron 和 Serra 于 1964 年率先提出数学形态学（Mathematical Morphology，MM），并于 1968 年在法国巴黎成立了数学形态学研究中心，以深入开展数学形态学的相关理论、技术和应用研究。1975 年，Matheron 研究了拓扑学、递增映射和随机集等相关内容，进一步奠定了数学形态学的理论基础。1982 年 Serra 详细介绍了数学形态研究中心的研究成果，拓展了数学形态学在信号处理与图像领域中的应用[1]。

数学形态学采用结构元素实现信号的分析与处理，在最初阶段主要在图像处理领域进行应用。随着数学形态学研究的不断深入，目前已在状态监测与健康管理领域开始应用，并主要用于对非线性信号的去噪处理和信号特征的提取[2,3]。数学形态学是分析几何形状和结构的数学方法，是建立在集合代数基础上、用集合论方法定量描述几何结构的科学。数学形态学由一组形态学的代数运算子组成，用这些算子及其组合可以进行图像形状和结构的分析处理，完成对图像的分割、特征抽取、边缘检测等多个方面的处理任务。

数学形态学中最基本的操作是腐蚀和膨胀。如图 4-1，在论域 X 范围内，腐蚀是把结构元素 B 平移 a 后得到 Ba，若 Ba 包含于 X，则记下这个 a 点。所有满足上述条件的 a 点组成的集合就是 X 被 B 腐蚀的结果，表示为

$$E(X)=\{a|Ba\in X\}=X\,\Theta\,B \tag{4-1}$$

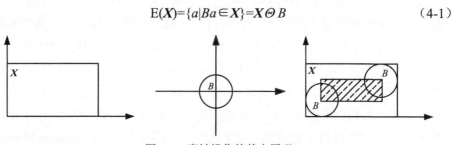

图 4-1　腐蚀操作的基本原理

膨胀可以认为是腐蚀的对偶运算。如图 4-2 所示，把结构元素 B 平移 a 后得到 Ba，若 Ba 击中 X，则记下这个 a 点。所有满足上述条件的 a 点组成的集合就是 X 被 B 膨胀的结果，用公式表示为

$$D(X)=\{x|B[x]\cap x\neq\phi\}=X\oplus B \tag{4-2}$$

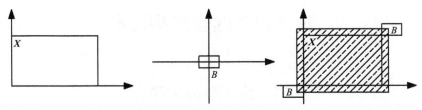

图 4-2　膨胀操作的基本原理

在数学形态学理论中，最重要的两个组合运算是形态学开运算和闭运算，这两个组合运算可以用腐蚀和膨胀的组合来定义。开运算是先腐蚀后膨胀的操作，在图像处理中可以消除散点和毛刺，即对图像进行平滑操作，公式表示为

$$OPEN(X)=D(E(X)) \tag{4-3}$$

闭运算是先膨胀后腐蚀的操作。通过选择适当的元素结构，闭运算可以将两个邻近的目标连接起来。闭运算用公式表示为

$$CLOSE(X)=E(D(X)) \tag{4-4}$$

开运算可以使图像变小，闭运算可以使图像变大。开闭运算具有等幂性，通过一次滤波就能把所有特定于结构元素的噪声滤除干净，重复运算则不会再有效果，这与经典滤波方法（如中值滤波、线性卷积）不同。

4.2　滚动轴承振动信号多尺度自相关形态平稳小波分析

当运行中的滚动轴承具有内圈、外圈、滚动体或保持架损伤时，其振动信号中常常可以观察到周期性重复冲击特征，该冲击特征常常被转子系统调制到高频带。另外，这种重复冲击特征信号常常受到其他噪声的干扰，从而给滚动轴承的故障识别带来挑战。近年来，有学者尝试将数学形态学方法应用于健康状态监测。根据数学形态学的基本理论，信号的特征可以通过信号的几何结构来表征。Nikolaou 等采用数学形态学的闭运算来解决故障冲击信号的包络抽取[2]，并提出使用长度为 0.6 s 的冲击重复周期信号作为水平型结构元素（Structuring Element，

SE），Nikolaou 和 Antoniadis 它们还提出了联合小波和数学形态学的方法以解决旋转机械早期故障引起的微弱冲击的提取问题。此外，其他学者提出了改进的数学形态学算子以优化操作和结构元素选择[3]，例如，Hao 等提出了一种基于形态非抽样小波的振动信号分解方法，从尺度分解后的振动信号中识别滚动轴承的故障特征[4]。但是，在他们的研究中没有给出如何选择分解尺度的数量。考虑轴承故障信号中往往存在许多未知的形态尺度，Zhang 等[5]将多尺度结构元素的平均值作为最优结构元素，该方法将多尺度形态学分析应用于故障轴承的振动信号分析，对轴承故障诊断是一个有趣的尝试。但通过分析可知，将所有尺度中得到的结果求平均，其结果并不能保证是最优值。此外，在他们发表的多尺度结构元素论文中，并没有提到如何确定结构元素的最大尺度。

在时频域，Yan 等[6]提出采用多尺度包络谱和复小波技术来识别不同角度轴承的故障诊断。该方法能够同时进行不同频率的多尺度分解，从而提高了故障诊断的鲁棒性，同时，该方法也表明采用三维观测能够更加直观地看到轴承的故障。相比于小波变换和经验模式分解等常用的时频分析方法，数学形态学只需要运行简单的和、差运算，可以大大节约计算时间。

本节介绍用于滚动轴承故障识别的一种基于形态小波切片的多尺度自相关（Multi-Scale Autocorrelation via Morphological Wavelet Slices，MAMWS）方法。在实施该方法过程中，首先将轴承的振动信号分解为由不同尺度结构元素实现的形态小波（Morphological Wavelet，MW）切片。轴承的故障特征可能分散于不同尺度的切片，因此所有尺度都要采用一个频域形态学切片来表示，这种多尺度形态学切片表示可望生成更可靠的故障特征提取结果。但是，在实际振动测试过程中，由于背景噪声往往是不可避免的，这些噪声干扰会降低形态小波切片对微弱故障的可识别性。为此，本书采用自相关函数来增强傅立叶谱，通过采用自相关计算，生成多尺度自相关谱。在自相关谱中，收集每个频率的最大自相关值，从而实现对傅立叶谱的增强。这样，小波切片内所有尺度间和尺度内的周期就可以在傅里叶谱中实现增强表示。

4.2.1　基于形态小波的滚动轴承振动信号切片

形态小波是由 Heijamans 等[7]首次提出的，它是小波从线性域到非线性域的一种延伸。下面，首先介绍形态平稳小波分解振动信号和时域形态切片技术。

1. 形态平稳小波分解的基本概念

在信号处理过程中，数学形态学的操作可以看作一个非线性滤波器，这种滤波器使用一个探针（也就是结构元素）与信号进行比较、通过结构元素与原始信号之间的相互作用来改变信号的输出。由此可见，结构元素是影响数学形态学滤波器性能的一个重要因素。在数学形态学滤波器中，可以采用不同形状的结构元素，如水平结构元素、三角形结构元素、圆弧结构元素、不规则曲线结构元素等。在实际应用中，一般应采用简单而紧凑形式的结构元素，结构元素的形状应比要过滤的信号更简单。影响数学形态学滤波器性能的另一个重要因素是结构元素的运算，包括膨胀、腐蚀、开、闭等基本算子。对于一维形态滤波器，式（4-1）～式（4-4）所述的数学形态学算子可以具体表述如下[8]。

对于数据长度为 N 的原始一维信号 r，选取长度为 M 的结构元素 g，通过 g 对 r 的运算实现膨胀，此操作描述如下：

$$(r \oplus g)(n) = \max(r(n-m) + g(m)) \tag{4-5}$$

式中，$m = 0,1,\cdots,M-1$；$n = 0,1,\cdots,N+M-2$；符号 $\oplus$ 为闵可夫斯基加。

利用结构元素 g 来实现对一维信号 r 的腐蚀，可以表示为

$$(r\Theta g)(n) = \min(r(n-m) - g(m)) \tag{4-6}$$

式中，$m = 0,1,\cdots,M-1$；$n = 0,1,\cdots,N+M-1$；符号 Θ 为闵可夫斯基减。

通过膨胀和腐蚀操作的组合，可以实现形态开闭运算。形态开运算(∘)可以削减平滑信号 r 中的正冲击，表示为

$$(r \circ g) = (r\Theta g) \oplus g \tag{4-7}$$

形态闭运算(·)可以平滑信号 r 中的负冲击，可以通过先膨胀后腐蚀来实现，具体表示为

$$(r \cdot g) = (r \oplus g)\Theta g \tag{4-8}$$

由以上介绍可以看出，形态闭运算和形态开运算可以应用到检测一维信号中的正、负冲击特征。而且，从式（4-5）～式（4-8）可知，数学形态学滤波器由于只涉及闵可夫斯基加法和减法，因此可以获得非常快的计算速度，对计算资源的占用量小。利用数学形态学滤波器可以构造形态小波变换，与许多传统的小波分解算法不同，形态小波采用数学形态学作为其基本计算内核，因此不仅变换方便，而且计算简单，计算速度比与传统小波分解方法更快。

虽然形态小波具有一系列的特点，但是传统的形态小波是一种基于下采样的分解工具，时间分辨率会随着分解尺度的增加而降低。形态平稳小波（Morphology Stationary Wavelet，MSW）能够将信号分解为不同尺度，而且在任何分解尺度下都不会产生时间分辨率收缩[4]。MSW 又称为形态非抽样小波或形态时不变小波，

它兼具形态小波和平稳小波的优点。假设 V_j 和 W_j 分别代表信号在第 j 个尺度的近似系数和细节系数，定义三个形态平稳小波运算 $\varphi_j^{\uparrow}$、$\varpi_j^{\uparrow}$ 和 $\psi_j^{\downarrow}$，在金字塔式分解条件下，形态平稳小波的变换过程如下[9]：

$$\varphi_j^{\uparrow}(\psi_j^{\downarrow}(x,y)) = x; (x \in V_{j+1}, y \in W_{j+1}) \tag{4-9}$$

$$\varpi_j^{\uparrow}(\psi_j^{\downarrow}(x,y)) = y; (x \in V_{j+1}, y \in W_{j+1}) \tag{4-10}$$

式中，$\varphi_j^{\uparrow}: V_j \to V_{j+1}$ 表示近似系数空间的分解运算；$\varpi_j^{\uparrow}: W_j \to W_{j+1}$ 表示细节系数空间的分解运算；$\psi_j^{\downarrow}: V_{j+1} \times W_{j+1} \to V_j$ 表示重构运算，表示为

$$\psi_j^{\downarrow}(\varphi_j^{\uparrow}(x), \varpi_j^{\uparrow}(x)) = x(x \in V_j) \tag{4-11}$$

采用上述的形态平稳小波变换方法，式（4-9）～式（4-11）保证了无论是分解还是重构过程中都不会有信息的丢失或冗余。因此，形态平稳小波可用于滚动轴承振动信号的分解切片。当把形态平稳小波应用于滚动轴承信号去噪和冲击提取时，其分解过程具体化如下[10]：

$$x_{j+1} = \varphi_j^{\uparrow}(x_j) = \frac{1}{2}((\varphi\gamma + \gamma\varphi)(\delta - \varepsilon))(x_j) \tag{4-12}$$

$$y_{j+1} = \varpi_j^{\uparrow}(x_j) = \left(id - \frac{1}{2}((\varphi\gamma + \gamma\varphi)(\delta - \varepsilon))\right)(x_j) \tag{4-13}$$

$$\varphi_j^{\uparrow}(\psi_j^{\uparrow}(x_{j+1} + y_{j+1})) = \varphi_j^{\uparrow}(id(x_j)) = x_{j+1} \tag{4-14}$$

式中，$x_j \in V_j, x_{j+1} \in V_{j+1}, y_{j+1} \in W_{j+1}$；$\varphi, \gamma, \delta, \varepsilon$ 分别代表闭运算、开运算、膨胀和腐蚀运算；id 表示恒等运算（亦即：$id(x_j) = x_j$）。由式（4-11）可知，近似系数空间的分析运算包括两个部分：$1/2(\varphi\gamma + \gamma\varphi)$ 和 $(\delta - \varepsilon)$。由于闭运算能够抑制负冲击信号，而开运算能够抑制正冲击信号，因此，第一部分 $1/2(\varphi\gamma + \gamma\varphi)$ 代表闭-开和开-闭的平均，实际上就是信号 x_i 的去噪运算。此外，第二部分 $(\delta - \varepsilon)$ 又可以表示为

$$\delta - \varepsilon = (\delta - r) + (r - \varepsilon) \tag{4-15}$$

式中，$(\delta - r)$ 和 $(r - \varepsilon)$ 都属于形态 Top-Hat 变换[11]，$(\delta - \varepsilon)$ 被称为 Black Top-Hat 变换，它能够提取原始信号 r 的负冲击信号；$(r - \varepsilon)$ 则能够提取正冲击信号，因而又被称为 White Top-Hat 变换。通过式（4-12）～式（4-14），形态平稳小波分解就能够在任意尺度提取去噪的周期性冲击分量，而这些周期性冲击分量正是滚动轴承的故障特征。但是，由于数学形态学的幂等性，即对于一个恒定大小的结构

元素，有 $x_{j+1} \in x_j, y_{j+1} = 0$ ，所以该分解已经是最小化，不能再进一步进行分解。为解决这一问题，式（4-12）～式（4-14）采用多尺度形态运算代替单一尺度的分解，多尺度条件下的形态平稳小波分解方法改进如下：

$$x_{j+1} = \psi_j^{\uparrow}(x_j) = \frac{1}{2}(\varphi\gamma + \gamma\varphi)(\delta - \varepsilon)(x_j, (aj+b)g) \tag{4-16}$$

$$y_{j+1} = \varpi_j^{\uparrow}(x_j) = \left(id - \frac{1}{2}(\varphi\gamma + \gamma\varphi)(\delta - \varepsilon)\right)(x_j, (aj+b)g) \tag{4-17}$$

$$\varphi_j^{\uparrow}(\psi_j^{\uparrow}(x_{j+1} + y_{j+1})) = \varphi_j^{\uparrow}(id(x_j)) = x_{j+1} \tag{4-18}$$

式中，a 和 b 为常量，代表不同尺度间的分解距离；$(aj+b)g$ 表示第 j 个结构元素。由式（4-16）～式（4-18）可知，多尺度分解条件下形态平稳小波的重构可以定义为

$$\psi_j^{\uparrow}(\varphi_j^{\uparrow}(x), \varpi_j^{\uparrow}(x)) = x_{j+1} + y_{j+1} = x_j \tag{4-19}$$

式（4-19）表明，在多尺度条件下形态平稳小波的分解和重构过程中没有任何遗漏或冗余信息。

需要说明的是，传统小波尺度分解的尺度与频率带是直接相关的，但是，基于数学形态学的形态平稳小波的尺度不能够直接与频率带相关，因此就不能直接定义形态平稳小波的尺度所对应的频率带。从这一点上讲，将形态平稳小波应用于轴承振动信号的机制与传统小波变换是不相同的。

2. 时域形态切片技术

如前所述，形态平稳小波主要用来提取 $(aj+b)g$ 结构元素中信号空间 V_j 的周期性冲击信号，其中，a 和 b 都为常量，用来定义形态平稳小波两个相邻尺度之间的距离。形态平稳小波的一个固有局限性，就是需要寻找适合于故障诊断的结构元素。不幸的是，虽然对于一个特定的故障轴承振动信号可能找到一个最优的结构元素，但在不同的实验环境下，要得到通用的最优结构元素是相当困难的。换句话说，一些适用于某些信号分割提取冲击信号的一维结构元素可能并不适用于其他振动信号分析。此外，滚动轴承的故障特征往往分散于不同的相邻尺度，在某些情况下甚至在更分散的尺度中存在。为了克服这一局限性，可以采用多尺度冲击信息，亦即切片信息。

在选择形态平稳小波的运算后，结构元素是另一个重要的因素。在形态小波分析中，可以采用不同的结构元素，如半圆形结构元素、三角形结构元素等。已

有学者在前期研究发现,对于故障诊断来说,不同的结构元素对诊断结果的影响不大[12]。因此,为简化起见,这里选择水平型结构元素。为尽可能得到冲击信号的形状特征,水平型结构元素的高度设为 0。这样,形态平稳小波算法的尺度增加就可以等效为平滑结构元素长度的膨胀。

采用形态平稳小波提取轴承信号的冲击分量时,分解尺度越多,得到的几何信息越多。然而,过多的分解尺度需要更多的计算资源,这样会降低去噪的效率。为此,下面给出一种选择分解尺度的方法。为描述方便,此处考虑周期性、冲击空间的随机变化及可能的故障调制,生成故障滚动轴承的振动信号 $s(t)$ 模型为[13, 14]

$$s(t) = A\sum_n h(t - nT) \qquad (4-20)$$

式中,A 表示冲击脉冲幅值;$T = 1/f_c$ 表示轴承故障的重复性周期;f_c 是故障的特征频率;n 表示冲击脉冲数量;$h(\cdot)$ 表示振荡波形,可简单地表示为

$$h(t) = \begin{cases} e^{-a_d t}\sin(2\pi f_0 t), & t > 0 \\ 0, & \text{其他} \end{cases} \qquad (4-21)$$

式中,f_0 表示共振频率;a_d 表示衰退参数。对于外圈故障轴承,冲击脉冲幅值 A 一般是常量 A_0;对于内圈故障轴承和滚动单元故障轴承,A 可表示为调制信号:

$$A_n = A_0 + A_0'\cos(2\pi f_A(nT + \tau_n) + \phi_A) \qquad (4-22)$$

式中,A_0' 为调制的最大幅值;对于内圈故障 $f_A = f_r$,f_r 为转轴频率;$nT + \tau_n$ 表示第 n 个时间点的冲击脉冲;ϕ_A 为振动传感器的位置。

基于以上冲击响应模型,下面模拟了轴承外圈故障信号,其相关参数见表 4-1,其中,f_s 为采样频率。

表 4-1　外圈故障轴承的仿真振动信号参数

参数	n	A_n/V	T/s	a_d	f_0/Hz	f_s/Hz
数值	2	[5.5, 6]	0.05	100	1 000	20 000

图 4-3 给出了采用长度 $0.125 f_s/f_0$ 的结构元素提取的冲击特征,图 4-3 中最高的冲击特征幅值可以达到 4 V 左右。

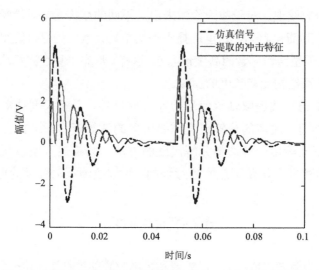

图 4-3　采用长度为 0.125 f_s/f_0 结构元素的 MSW 冲击信号提取结果

图 4-4 给出了采用长度 0.25 f_s/f_0 的结构元素提取的冲击特征,图 4-4 中最高的冲击特征幅值可以达到 5 V 左右。

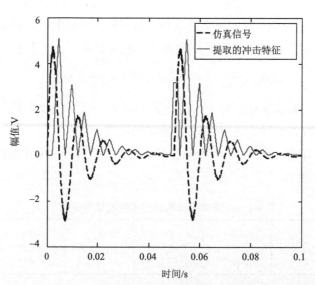

图 4-4　长度为 0.25 f_s/f_0 结构元素的 MSW 冲击信号提取结果

接下来测试更多不同长度的结构元素对提取结果的影响。图 4-5 给出了 0.5 f_s/f_0 的结构元素提取的冲击特征,图 4-5 中最高的冲击特征幅值降到了 2 V 左右。当进一步增加结构元素的长度到 1.2 f_s/f_0 的结构元素提取的冲击特征,如图 4-6 所示,所能提取的最高冲击特征幅值降到了 1 V 左右,但是提取的信息总量增加了。

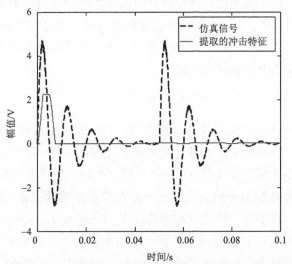

图 4-5　长度 $0.5f_s/f_0$ 结构元素的 MSW 冲击信号提取结果

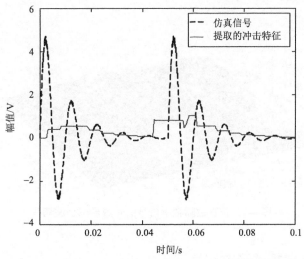

图 4-6　长度 $1.2f_s/f_0$ 结构元素的 MSW 冲击特征提取结果

由图 4-3～图 4-6 可知，仿真轴承信号的故障特征频率 $f_c = 1/T = 20\,\text{Hz}$ 。当采用不同结构元素，可以得到的不同的提取向量 x ，提取冲击脉冲的幅值越高，分解的效果越好。通过对比图 4-3～图 4-6 可知，当结构元素的长度由 $0.1f_s/f_0$ 增加到 $0.25f_s/f_0$ 时，提取性能提高。但是，如果进一步增加结构元素的长度达到 $0.5f_s/f_0$ 时，几乎提取不到任何冲击信息。另外，当结构元素进一步增加，长度达到 $1.2f_s/f_0$ 时，提取的冲击信息又比结构元素长度为 $0.5f_s/f_0$ 时更多。

研究中采用对称平面结构元素，最小结构元素为 $\{0,\underline{0},0\}$，其中 $\underline{0}$ 表示运算开始。假设 $a=1,b=1$，第 j 个结构元素的长度则为 $2j+1$，通过以上观察及多次试错，考虑噪声的影响及 f_0 的不确定，假设水平型结构元素的最大长度为 f_s/f_0。则最大分解尺度 J 可以由以下经验等式计算：

$$J=\lceil (f_s / f_0 -1) / 2 \rceil \tag{4-23}$$

式中，$\lceil \cdot \rceil$ 表示四舍五入。通过上述分析可知，共振频率 f_0 对确定最大分解尺度 J 至关重要。但在实际应用中，f_0 往往是未知的。因此，J 一般可以采用经验值。

从计算复杂度来看，采用式（4-16）～式（4-18）所述的多尺度分解算法可以将轴承振动信号分解为不同切片，从而得到信号空间的二维矩阵表示 $x(t,j)$，$x_j(j=1,2,\cdots,J)$，其中每一行代表相应切片上的时间点 t，每一列为特定的尺度 j。对于表 4-1 模拟的仿真振动信号，其时域形态小波切片详见图 4-7。该形态切片属于时域形态小波切片，若将其映射到频域，则可以更直观地识别滚动轴承中的故障。

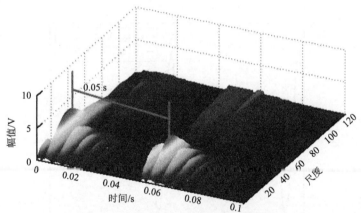

图 4-7　仿真故障轴承信号的时域形态小波切片

4.2.2　多尺度自相关形态切片

1. 振动信号的形态小波分解频域切片

时域形态小波切片给出了振动信号中冲击特征的三维观测方法，理想情况下，其冲击周期可以直接从时域形态小波切片中得到。但是，实际振动信号中常常存在较严重的噪声，使得冲击周期的很难直接确定。因此，采用傅里叶变换将时域形态小波切片 $x(t,j)$ 变换为频域形态小波切片如下：

$$X(f, j) = F(x(t, j)) = \frac{1}{2\pi} \int_{-\infty}^{+\infty} x(t, j) \exp(-i2\pi ft) dt \qquad (4\text{-}24)$$

式中，$F(\cdot)$ 为傅里叶变换；$X(f, j)$ 为频域形态小波切片。将图 4-7 的时域形态小波切片代入式（4-24），可以计算得到其对应的频域形态小波切片，如图 4-8 所示。

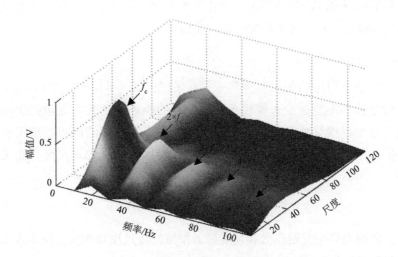

图 4-8　仿真故障轴承信号的频域形态小波切片

与时域表示相比，采用频域表示的形态切片可以更直观地得到相应的故障特征。当然，虽然该方法可以识别特征频率的周期及其谐波，但对包含了实际干扰信息的信号，其真实的识别能力会大大降低。为此，后面采用增强谱的方法，提出了多尺度自相关增强谱表示的方法以诊断轴承的故障状态。

2. 基于多尺度自相关的谱增强

如前所述，尽管通过频域形态小波切片能够得到对识别轴承故障有用的冲击信息，但一些有害的信号分量如噪声和干扰等仍存在于切片中。在实际信号中，这会导致故障信号的识别更为困难。

考虑特征频率及其谐波的相关性，这里采用自相关函数以增强周期性的故障信号，同时抑制其他不相关的干扰信号，这与其他的研究具有一定的相似性。例如，Miao 等[15]采用自相关得到周期旋转状态监测的 Lipschitz 向量；Rafiee 等[16]采用小波系数的自相关进行机械故障诊断；Huang 等[17]研究了自相关函数在充分发展湍流中的应用；Ryu 等[18]研究了自相关分析在声音信号中的应用。在这些应用中，大多数学者都是采用的一维自相关方法，并得到了较好的结果。这种一维自相关方法通过理论计算信号的自相关函数，得到逼近于最优的单一尺度信号。

在本章的内容中，采用一种多尺度自相关的方法，详述如下。

在形态平稳小波中，故障特征频率 f_c 的能量及其多次谐波分散于多个尺度。实际应用中，对于不同的特征频率及其多次谐波，很难确定一个统一的最优尺度，这是本书提出三维切片方法的最重要原因。由于已得到不同状况下的故障特征分布，为了利用频域-尺度-幅值信息及自相关水平来增强谱表示，可以通过找到多尺度自相关并提取信号的最大相关分量来实现。

1）多尺度自相关方法

由于形态小波切片的带内噪声和干扰，采用公式（4-16）～式（4-18）的形态平稳小波分解并不能完全去掉轴承振动信号的噪声。为此，这里提出一种多尺度自相关方法以增强故障特征的周期性冲击分量，该方法既可以适用于内部尺度，又能够应用于外部尺度。频域形态小波切片 $X(f, j)$ 的多尺度自相关方法可表示为

$$R_{XX} = \langle X(f, j) X(f + p, j + q) \rangle \tag{4-25}$$

式中，p, q 分别为频率延迟指数和尺度延迟指数。多尺度自相关方法增大了轴承故障的周期性冲击分量，而减小了噪声和干扰分量。

将式（4-25）的多尺度自相关方法应用于图 4-8 所示的频域形态小波切片，可得到多尺度自相关谱如图 4-9 所示。

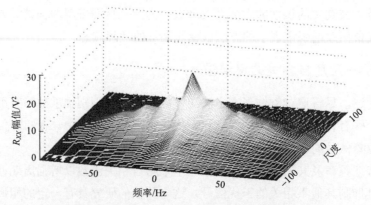

图 4-9　图 4-8 中形态小波切片的多尺度自相关谱

2）最大相关分量提取

在图 4-9 所示的多尺度自相关谱的基础上，可以提取其中的最大相关分量。

多尺度自相关 R_{xx} 是一个行向量为尺度、列向量为频率的二维矩阵。在任一尺度内，每个频率都有一个最大幅值。为了找到每个频率上的最大幅值分量，需要在相关的尺度范围里尽可能多地提取滚动轴承的故障信号周期信息。图 4-10 为提取的所有最大幅值组成的二维谱图，其中每一个幅值都是从图 4-9 的多尺度自相关谱中各个不同频率中提取得到的。

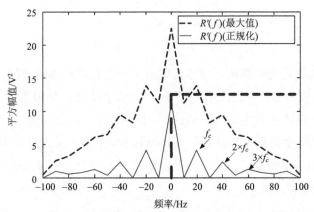

图 4-10　多尺度自相关频谱中的最大分量提取和基线校正

从图 4-10 可以看到，自相关函数的最大分量 $R'(f)$ 呈现波纹状，这可能是因为如噪声之类的载频和非周期性信号所导致的。为此，采用如下步骤以绘制符合常规谱表示的增强二维谱[19]。

第一步，根据前述步骤计算得最大分量 $R'(f)$ 和每个频率的维数 $R_{xx}(p,q)$。

第二步，利用线性分割连接所有 $R'(f)$ 的本地最小值，得到基线 $B(f)$。

第三步，从 $R'(f)$ 中减去基线 $B(f)$ 得到增强谱表示 $R(f)$，对于正频率分量，有

$$R(f) = R'(f) - B(f), f \geqslant 0 \tag{4-26}$$

提取的最大相关分量组成的增强谱表示 $R(f)$ 可以更清晰地识别故障轴承的特征频率及其谐波。图 4-10 是根据表 4-1 中定义的模拟信号的增强谱表示。相较于图 4-7~图 4-9，图 4-10 中的特征频率及其谐波更为清晰，更容易识别。

需要指出的是，基于多尺度自相关的增强谱表示并不是简单地从三维到二维的变换。前面已经提到，故障特征往往分散于不同尺度，因此，故障识别也要提取内部尺度的周期。然而，从传统二维平面提取不同尺度的特征是非常困难的，但利用多尺度自相关的频谱表示则不仅局限于所谓的最优尺度，这种方法不仅可以得到外部尺度，又能得到内部尺度，同时还能在二维平面中呈现出来[15-18]。借鉴内部尺度相关增强表示，前面已经介绍了这种多尺度自相关内部

增强的方法。为更清晰地表明该方法的有效性，通过以下例子来进一步说明该方法。

假设频域形态小波切片矩阵表示如下：

$$X(j,f) = \begin{bmatrix} 0 & 5 & 0 & 0 & 0 & 0 & 0 & 0 \\ 0 & 0 & 0 & 2 & 0 & 0 & 0 & 0 \\ 0 & 0 & 0 & 0 & 0 & 1 & 0 & 0 \\ 0 & 0 & 0 & 0 & 0 & 0 & 0 & 3 \end{bmatrix} \begin{matrix} 1 \\ 2 \\ 3 \\ 4 \end{matrix} \qquad (4\text{-}27)$$
$$ 1 \quad 2 \quad 3 \quad 4 \quad 5 \quad 6 \quad 7 \quad 8$$

式中，j 和 f 分别为尺度和频率，每项代表相关尺度和频率处的幅值，与幅值相关的噪声和干扰假设为 0。例如，在尺度 $j=1$，频率 $f=2$ 处，幅值为 5，这表示特征频率 $f_c = 2\,\text{Hz}$。特征频率为 4 Hz、6 Hz、8 Hz 的第 2、3、4 个谐波尺度分别为 2、3、4。忽略内部尺度关系，这样就很容易得到不论在什么尺度上，传统单尺度正方向总为 $R(f) = [0000000]$。应用多尺度自相关方法，利用式（4-25）计算式（4-27）的多尺度自相关结果为

$$R_{xx} = \begin{bmatrix} 0 & 15 & 0 & 0 & 0 & 0 & 0 & 0 & 0 & 0 & 0 & 0 & 0 & 0 & 0 \\ 0 & 0 & 0 & 11 & 0 & 0 & 0 & 0 & 0 & 0 & 0 & 0 & 0 & 0 & 0 \\ 0 & 0 & 0 & 0 & 0 & 15 & 0 & 0 & 0 & 0 & 0 & 0 & 0 & 0 & 0 \\ 0 & 0 & 0 & 0 & 0 & 0 & 0 & 39 & 0 & 0 & 0 & 0 & 0 & 0 & 0 \\ 0 & 0 & 0 & 0 & 0 & 0 & 0 & 0 & 0 & 15 & 0 & 0 & 0 & 0 & 0 \\ 0 & 0 & 0 & 0 & 0 & 0 & 0 & 0 & 0 & 0 & 0 & 11 & 0 & 0 & 0 \\ 0 & 0 & 0 & 0 & 0 & 0 & 0 & 0 & 0 & 0 & 0 & 0 & 0 & 15 & 0 \end{bmatrix} \begin{matrix} -3 \\ -2 \\ -1 \\ 0 \\ 1 \\ 2 \\ 3 \end{matrix}$$
$$\phantom{R_{xx} = } -7 \ -6 \ -5 \ -4 \ -3 \ -2 \ -1 \ \ 0 \ \ 1 \ \ 2 \ \ 3 \ \ 4 \ \ 5 \ \ 6 \ \ 7$$

$$(4\text{-}28)$$

式中，列向量代表频率，行向量代表尺度。提取上式中第一象限的最大分量得到增强谱表示为

$$R(f) = \begin{bmatrix} 0 & 15 & 0 & 11 & 0 & 15 & 0 \end{bmatrix} \qquad (4\text{-}29)$$

与此类似，也能够得到特征频率 2 Hz，4 Hz，6 Hz 的三个谐波。毫无疑问，与传统单尺度自相关相比，多尺度自相关能够更好地增强内外尺度的周期。可以总结采用多尺度自相关形态平稳小波进行轴承故障检测的流程，如图 4-11 所示。

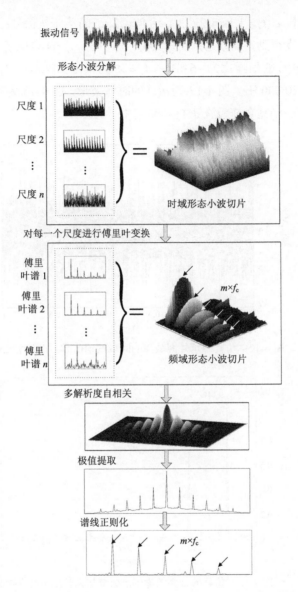

图 4-11　基于形态小波切片的多尺度自相关的滚动轴承故障识别方法

4.2.3　仿真信号分析

为了验证多尺度自相关形态平稳小波在滚动轴承振动状态监测中的应用，本节将分析仿真的外圈故障。

仿真的外圈故障轴承振动模拟信号如下：

$$u(t) = s(t) + \alpha(t) \tag{4-30}$$

式中，$t \in [0,1]$；$\alpha(t) = 1.1\sin(2\pi 23t) + 0.8\cos(2\pi 53t)$ 为干扰信号；$s(t)$ 可由式（4-20）～式（4-22）仿真得到，参数为：$a_d = 100, T = 1/16 \text{ s}, f_c = 16 \text{ Hz}, f_0 = 500 \text{ Hz}, \tau_n = 0$，添加高斯信号 $\beta(t)$ 的信噪比为 –6 dB，$A_n = A_0$ 为范围在[2.8，3.3]的随机信号。令采样频率 f_s 为 20 000 Hz，图 4-12 为 $u(t)$ 的时域波形，图 4-13 为其频谱，由此可知，周期冲击特征 $s(t)$ 完全淹没在干扰和噪声中了。

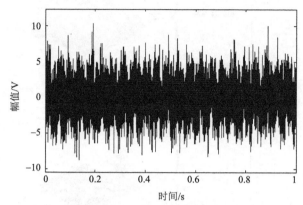

图 4-12　仿真轴承外圈故障的时域振动信号 $u(t)$ 的时域波形

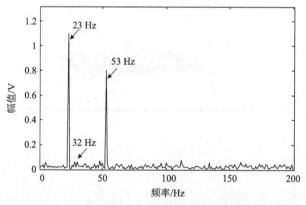

图 4-13　仿真的外圈故障轴承时域振动信号 $u(t)$ 的频谱

由于故障识别的出发点是提取周期冲击信息，同时抑制干扰和宽带噪声。为此，采用多尺度自相关形态平稳小波方法识别信号的故障特征。根据式（4-22），分解尺度 J 为 20。为了验证多尺度自相关形态平稳小波的鲁棒性，这里选择 $J=25$。值得注意的是，如果选择了不合适的 J 可能会产生残余干扰和噪声。

如图 4-14 所示，验证了从频域形态小波切片角度观察到的故障特征，特征频率及其谐波可以从三维图中得到。此外，在高尺度区间（如尺度为 20～25），两个干扰分量的某些特征也可以观察到，如频率为 30 Hz（=53−23 Hz）和频率为 76 Hz

（=53+23 Hz）。回头再看分解尺度 J 的选择，如果选择 J=20，那么频域形态小波切片就在虚线以下，则图 4-14 中的干扰信号 30 Hz 和 76 Hz 就可以完全被去除。

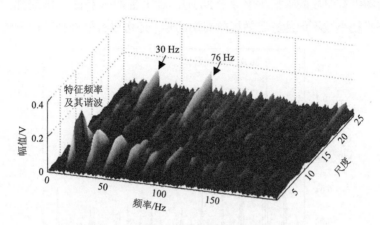

图 4-14　频域形态小波切片结果（尺度 J=25）

　　峭度图是轴承故障识别中广为应用的一个有效的工具，通过峭度图可以看到频谱的峭度，该峭度是窗长度和频率的函数，因此是一个二维表示[20, 21]。使用峭度可以得到相应的最大冲击的频带。在此基础上进行带通滤波，可以提取故障的特征信号。与之不同的是，形态小波切片用于直接提取信号几何结构中的冲击特征。形态小波切片的尺度与相应的频带并不直接相关，因此，形态平稳小波也是一种非线性小波变换。由图 4-15 可知，尽管仍然有残余干扰和噪声，通过多尺度自相关频谱提取后，仍然能够清楚地辨别 f_c 及其多次谐波，也就是滚动轴承的故障特征频率。

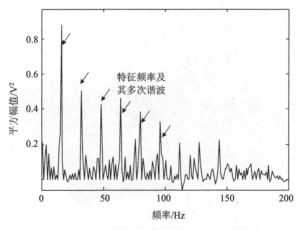

图 4-15　仿真轴承外圈故障识别增强谱

为了更好地理解该方法的有效性,可以将常用的包络解调方法用于该仿真信号,包络解调的结果如图 4-16 所示,图 4-16 中表示出了仿真振动信号 $u(t)$ 的包络的傅里叶谱,该谱图中有明显的干扰频率分量 20 Hz。对比图 4-15 和图 4-16 可知,多尺度自相关形态平稳小波不但能够有效提取周期信号,还可以有效抑制干扰分量。

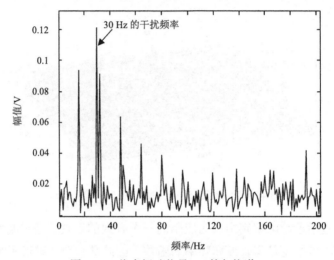

图 4-16   仿真振动信号 $u(t)$ 的包络谱

下面进一步验证多尺度自相关形态平稳小波对于噪声的适应性。利用不同的 $\beta(t)$ 产生一组固定 $s(t)+\alpha(t)$ 的模拟信号。图 4-17 所示为基于多尺度自相关形态平稳小波的傅里叶表示的结果,这里 $J=20$。由图 4-17 中可知,即使噪声小于 $-10\,dB$,仍然能够识别故障特征的至少 5 次谐波。当然,随着噪声的增大,更高阶的谐波就会淹没在噪声里。

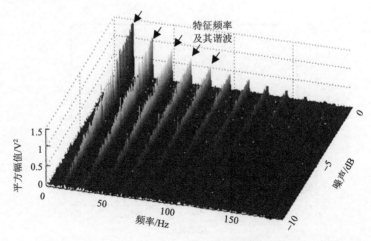

图 4-17   基于 MAMWS 傅里叶表示的不同噪声强度的振动信号

在多尺度自相关形态平稳小波中，只需定义分解尺度 J 这一个参数，下面探讨分解尺度对该算法的影响。这里仍然采用式（4-26）给出的模拟信号，但 J 的范围调整为[5，50]。在不同分解尺度下，采用基于多尺度形态平稳小波傅里叶表示的结果如图 4-18 所示。由图 4-18 可知，由于公式（4-23）中理想状况下的分解尺度 J 存在较大的误差，从而导致较大的干扰，该干扰主要来源于如前所述的两个干扰谐波的影响。但仍然可以看到的是，即使存在与理想分解尺度 J 的 50% 误差，采用基于多尺度自相关形态平稳小波傅里叶表示方法仍然能够清晰地识别到滚动轴承的故障特征。这也进一步验证了该算法的鲁棒性。

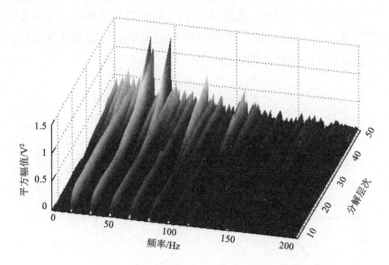

图 4-18　不同分解层次 F 的 MAMWS 傅里叶表示

根据以上仿真分析结果可知，无论从噪声还是从分解尺度来看，采用多尺度自相关形态平稳小波都能够提取缺陷滚动轴承的周期冲击特征。与包络解调方法相比，多尺度自相关形态平稳小波能够更好地解决谐波干扰问题。同时，通过仿真结果也可以看到采用 MAMWS 的三个优点：①与单尺度方法相比，该方法由于不需要计算"最优"尺度，使得其鲁棒性好；②与传统的故障诊断方法相比，该方法既能够从三维角度识别故障特征，又能够通过增强谱表示观察故障特征频率；③该方法从两个方面增强了周期冲击信息的提取：一方面消除了噪声和其他非冲击信号，另一方面通过多尺度自相关减少了带内随机噪声的影响。

4.2.4　实验验证

本节将分别使用正常运行的轴承信号和故障轴承信号验证所介绍的 MAMWS 算法。

1. 正常轴承健康状态识别

如图 4-19 所示，正常轴承的振动信号来源于一个机械故障实验平台。在该平台中，风扇连在直径为 25.4 mm 的转轴上，转轴由一个 3HP 的电机驱动，电机的转动频率通过变频器来控制。一个加速度传感器（ICP，623C01）安装在风扇端的轴承（MB，ER-16K）内检测轴承的振动，该加速度振动信号经信号调节器（PCB，482C）进行调理后，由数据采集卡（NI，PCI6132）采集到计算机中进行处理。信号调节器主要用于隔离由于电源产生的干扰并放大加速度信号。在本实验中，分解尺度 $J=25$，采样频率 20 kHz，采样时间 1 s。变频器设定的频率 $f_r = 27\ Hz$，相应地，转轴的转速就是 1620 r/min。待识别轴承的振动信号输入计算机后，采用前面介绍的 MAMWS 方法进行故障识别。

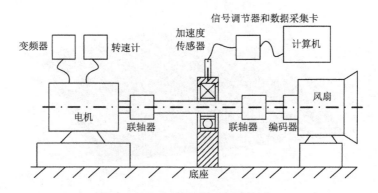

图 4-19　滚动轴承健康监测实验平台

通过采集实验过程的振动信号，得到了轴承振动信号的时域波形和频谱，如图 4-20 和图 4-21 所示。

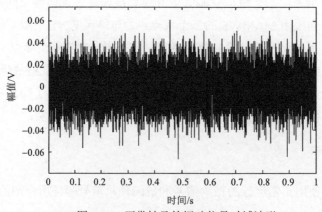

图 4-20　正常轴承的振动信号时域波形

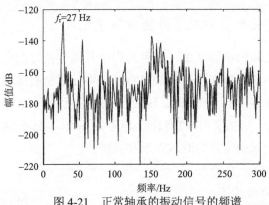

图 4-21　正常轴承的振动信号的频谱

　　采用 MAMWS 对振动信号进行分析,振动信号的时域形态小波切片、频域形态小波切片等结果分别如图 4-22 和图 4-23 所示。从图 4-22 和图 4-23 中可以看到,本次实验过程中没有检测到故障特征,表示轴承运行状态良好。

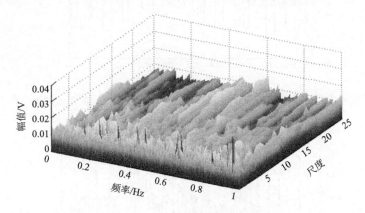

图 4-22　正常轴承状态监测的时域形态小波切片

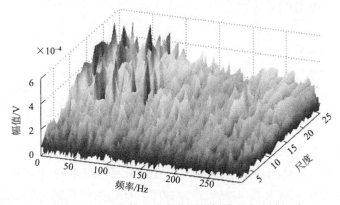

图 4-23　正常轴承状态监测的频域形态小波切片

2. 无电气干扰条件下的轴承外圈故障识别

为了识别外圈故障轴承的状态，这里采用信号调节器过滤电压产生的干扰信号，保留由于机械零部件故障产生的故障特征。将外圈有故障的轴承预先安装在机器上，设定变频器的频率 f_r=24 Hz，转轴的转速相应为 1440 r/min，外圈故障的特征频率（BPFO）f_c= 3.592f_r =86.208 Hz。图 4-24 和图 4-25 分别为无电气干扰条件下的外围故障轴承振动信号的时域波形和频谱。

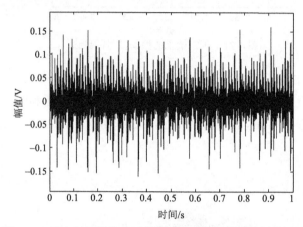

图 4-24　无电气干扰条件下的外圈故障轴承振动信号的时域波形

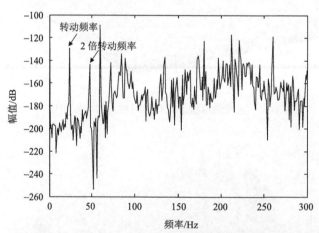

图 4-25　无电气干扰条件下的外圈故障轴承振动信号的频谱

采用时域形态小波切片、频域形态小波切片和增强多尺度自相关谱开展振动信号分析，其结果见图 4-26～图 4-28。从图 4-24～图 4-28 中可知，尽管故障淹没在时域图（图 4-24 和图 4-25）中，故障特征仍然可以通过频域形态小波切片和增强频谱识别出来（图 4-27 和图 4-28），同时，转动频率 24 Hz 及其谐波被有效地抑制了。

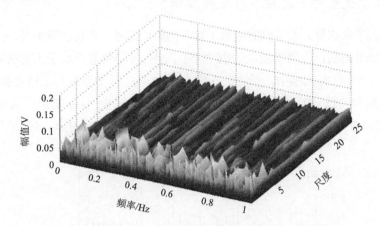

图 4-26　无电气干扰条件下外圈故障轴承的时域形态小波切片

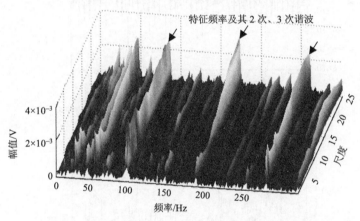

图 4-27　无电气干扰条件下外圈故障轴承的频域形态小波切片

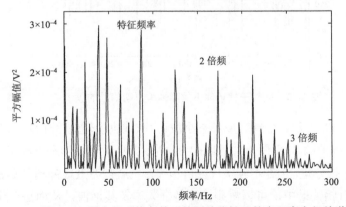

图 4-28　无电气干扰条件下外圈故障轴承的多尺度自相关谱

3. 电气干扰条件下的轴承外圈故障识别

将信号调节器去掉，就得到有电气干扰下的振动信号。需要注意的是，由于没有使用信号调节器的放大器功能，此时的电气干扰信号幅值甚至小于正常状态的轴承振动信号。在本部分实验中，变频器的频率 f_r =12 Hz，其他参数与上述实验相同。

实验检测到的信号的时域波形及其频谱如图 4-29 和图 4-30 所示。从图 4-29 和图 4-30 可以看到，电源干扰频率（60 Hz）和转动频率（12 Hz）都包括在信号的频谱中。

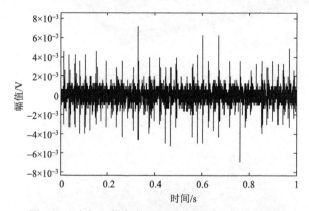

图 4-29　电气干扰条件下故障轴承振动信号的时域波形

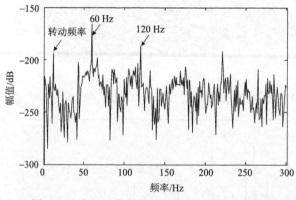

图 4-30　电气干扰条件下故障轴承振动信号的频谱

采用 MAMWS 方法，得到时域形态小波切片、频域形态小波切片和增强多尺度自相关谱分别如图 4-31、图 4-32 和图 4-33 所示。尽管频域形态小波切片中还可以观察到部分干扰分量，但在增强多尺度自相关谱中就被有效地抑制了（图 4-33）。从增强多尺度自相关谱中，可以看到检测特征频率及其谐波，从而进一步验证了 MAMWS 方法在干扰情况下的健康监测能力。

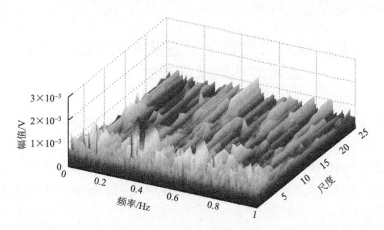

图 4-31　电气干扰条件下故障轴承振动信号的时域形态小波切片

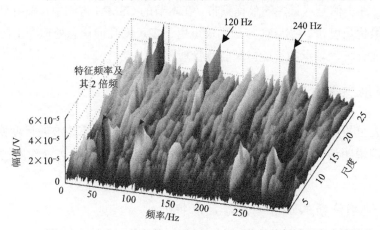

图 4-32　电气干扰条件下故障轴承振动信号的频域形态小波切片

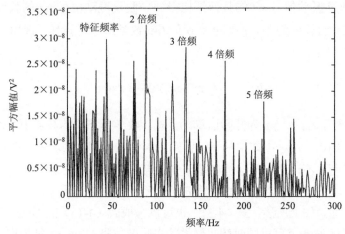

图 4-33　电气干扰条件下故障轴承振动信号的多尺度自相关谱

4.3　连续尺度数学形态学方法智能
监测滚动轴承健康状态

　　滚动轴承是转动机械的重要部件，其健康状态直接关系机械系统的运行状态。为解决故障滚动轴承运行过程中产生的冲击信号，4.2 节介绍了多尺度自相关形态平稳小波在滚动轴承故障识别方面的应用。对应于连续小波变换的思想，本节介绍另一种方法：连续尺度数学形态学（Continuous-Scale Mathematical Morphology，CSMM）方法。

　　已有研究发现，最优频带解调是提取冲击特性的有效方法，它主要用来选择噪声尽量小、冲击信号尽量多的最优频带。在本节的 CSMM 方法中，采用窄带合并技术辨识最优尺度带。CSMM 方法不仅可用于多尺度几何信息处理冲击信号解调，而且也适合滚动轴承的智能健康监测管理。

4.3.1　数学形态学方法提取冲击特征

　　本节首先分析轴承信号的冲击特性提取过程中的数学形态滤波的尺度特征，并用一个实例说明该方法的局限性，随后，利用提出的 CSMM 方法对实例进行优化。

　　1. 轴承缺陷诊断的形态滤波器尺度特性

　　由于缺陷的存在，冲击力会使滚动轴承在振动测试过程中产生冲击响应。冲击信号可以通过振动信号 $s(t)$ 的几何结构得到。假设振动信号 $s(t)$ 的长度为 N，结构元素 SE（g）的长度为 M，根据 4.2 节介绍的数学形态学操作，选用以下数学形态学滤波器 F [10]：

$$F(s) = \frac{1}{2}[(\varphi\gamma + \gamma\varphi)(\delta - \varepsilon)]s(t) \qquad (4\text{-}31)$$

式中，$\varphi\gamma$ 为闭开运算；$\gamma\varphi$ 为开闭运算。上式，数学形态学滤波器由两部分组成：$1/2\,(\varphi\gamma + \gamma\varphi)$ 和 $(\delta - \varepsilon)$。由数学形态学可知，闭开运算和开闭运算已经足以处理信号的降噪，然而，不论是开闭运算还是闭开运算都会使信号失真[22]。要解决失真问题，一方面，可以让数学形态学滤波器 F 结合闭开运算和开闭运算，可以减小信号失真；另一方面，如上所述，式（4-31）也可以写成式（4-15）的形式。因此，利用该数学形态学滤波器就可以同时解决信号的去噪及信号的冲击特征提取问题。

应用数学形态学滤波器提取冲击信号的关键在于寻找最优结构元素 g。如前所述，尽管现在已有许多结构元素，如半圆形结构元素、三角形结构元素和平面结构元素，但结构元素的形状应尽可能与所提取的信号相似。考虑滚动轴承自身特点，一方面，三角形结构元素比较适用于冲击信号提取，平面结构元素更适用于去除噪声信号；另一方面，结构元素的形状越复杂，对计算要求也越高。又因为结构元素只需要知道相应的长度这一个参数值的优势，因此，在对滚动轴承进行故障诊断时，选择平面结构元素。也有研究指出，在实际应用中，平面结构元素最直接、最简单，并能够得到与其他结构元素相类似的结果[23]。

在 CSMM 方法中，数学形态学中的尺度就是结构元素长度。由于经典数学形态学滤波器的尺度一般是整数形式，它们往往会降低提取冲击特征的效率。针对这一问题，这里首先通过以下例子，介绍周期冲击特征在多个尺度的分布问题。

令 $s(t)$ 为检测到的滚动轴承周期性冲击信号[24]：

$$s(t) = A\sum_n h(t - nT) \tag{4-32}$$

式中，A 是冲击信号幅值；T 为冲击信号的重复性周期；n 为冲击信号数量；$h(\cdot)$ 为冲击响应函数：

$$h(t) = \begin{cases} e^{-a_d t} \sin(2\pi f_0 t), & t > 0 \\ 0, & t \leqslant 0 \end{cases} \tag{4-33}$$

式中，f_0 为系统的共振频率；a_d 为衰减参数。根据式（4-33），仿真故障轴承的振动信号如下：

$$s(t) = \begin{cases} 2e^{-100t} \sin(240\pi t), & t = [0, 0.05) \\ 2e^{-100(t-0.05)} \sin(240\pi(t - 0.05)), & t = (0.05, 0.1] \end{cases} \tag{4-34}$$

假设采样频率 f_s 为 20 kHz，图 4-34 为信号 $s(t)$ 的时域波形。

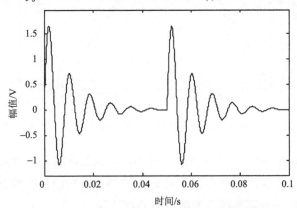

图 4-34　仿真故障轴承的振动信号的时域波形

直接采用对称平面结构元素，那么最小结构元素为$\{0,\underline{0},0\}$，其中，"$\underline{0}$"表示运算开始。根据该定义，将数学形态学滤波器的尺度可以相应调整为 $1,3,5,7,\cdots$，等等。变化的数学形态尺度冲击信号提取结果见图 4-35。

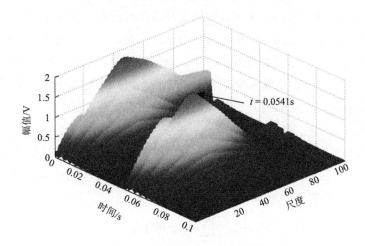

图 4-35　整数尺度数学形态学滤波器提取的冲击信号与
不同尺度（1～100）之间关系的三维表示

图 4-36 展示了 t=0.0541s（对应于提取到的冲击信号的最大幅值）时图 4-35 的截面图。图 4-36 中给出了最大幅值和最大尺度之间的关系，由图 4-36 可知，在尺度为 41 时，所提取的冲击信号的幅值最大。

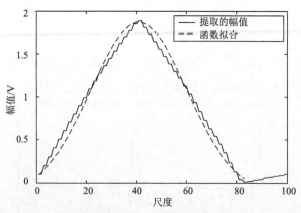

图 4-36　t=0.0541s（对应于提取到的冲击信号的最大幅值）时图 4-35 的截面图

从图 4-35 和图 4-36 中可以清晰地看到，重复性冲击信号确实分散于较宽的尺度范围。这里，定义尺度分布的带宽 w 和中心 μ，则沿尺度轴近似服从正态分布 $N(\mu,\delta^2)$，该正态分布的概率密度函数 $f(t)$ 为

$$f(t) = \frac{A}{\delta\sqrt{2\pi}}\exp\left(\frac{-(t-\mu)^2}{2\delta^2}\right) + B \tag{4-35}$$

式中，μ 又被称为平均中心尺度；δ^2 为方差；A 和 B 分别为拟合参数。图 4-36 为最大幅值-尺度曲线，其中，正态分布的概率密度函数 $f(t)$ 的参数可以拟合如下：$\mu=41$，$\delta^2=361$，$A=95$，$B=-0.12$。将以上参数代入 $f(t)$，计算结果如图 4-36 所示。通过式（4-35）仿真故障轴承信号的冲击特征分布，得到平均中心尺度 μ：

$$\mu \approx f_s / (4f_0) \tag{4-36}$$

噪声的存在使实际中心尺度与理论中心尺度相差较大，从而加大了提取冲击特征的难度。理论上，在故障诊断分析过程中冲击信号尺度区内的信号比噪声信号强，中心尺度 μ 是最好尺度。因此，在噪声环境下中心尺度 μ 即为最优尺度。为确定中心尺度 μ，首先需要确定有效信号的尺度带及其带宽 w。

下面进一步通过实例阐释传统的整数尺度数学形态学滤波器在提取冲击特征信号方面的局限性。为方便起见，将式（4-34）给出的模拟信号的采样频率降低为2000 Hz。图 4-37 展示了采用整数尺度数学形态学滤波器提取的冲击信号结果，图 4-38 所示为图 4-37 在 $t=0.0541\,\mathrm{s}$ 的放大。由图 4-38 可以看到，在第 4 个尺度处，所提取的冲击信号幅值最大，这与利用式（4-36）的计算结果相同。此外，利用式（4-35）的 $f(t)$ 对尺度-幅值进行了拟合，相关参数拟合结果如下：$\mu=4$，$\delta^2=4$，$A=7.5$，$B=0$。

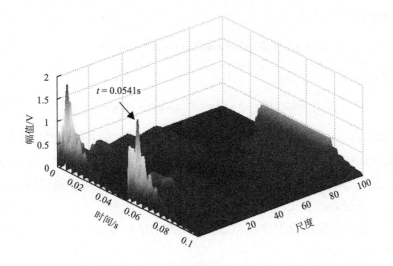

图 4-37　整数尺度数学形态学滤波器提取冲击信号（采样频率 2000 Hz）
提取到的冲击特征与不同尺度（1～100）关系的三维表示

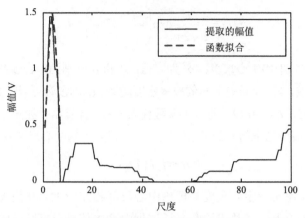

图 4-38　当 t =0.0541s（对应于提取到的最大幅值冲击信号）时图 4-37 的截面图

从图 4-37 和图 4-38 中还能够看到，图 4-37 中的尺度比图 4-33 的小。当采样频率较小时，尺度的离散值降低了冲击信号提取的性能，为此，本节给出一种新的连续尺度数学形态学策略以优化中心尺度及带宽。

2. 连续尺度数学形态学分析

如前所述，当信号的采样频率较低时，传统的整数尺度数学形态学算法降低了提取冲击信号的性能。如果采用传统算法进行轴承的故障诊断，势必会增加故障特征辨识的难度。为了提高尺度的分辨率，这里给出了 CSMM 的基本概念。

（1）膨胀：

$$\delta_c = (X \oplus B)(n) = \max(X(n-m) + B(m)) \tag{4-37}$$

（2）腐蚀：

$$\varepsilon_c = (X \varTheta B)(n) = \min(X(n-m) - B(m)) \tag{4-38}$$

式中，$m = [0, M]$；$n = [0, N+M]$；M 和 N 分别为 B 和 X 的长度。需要指出的是，由于计算机处理的数据只能是离散数据，利用式（4-37）、式（4-83）并不能直接进行计算，这里的连续尺度是相对于传统数学形态学的整数尺度提出的，CSMM 方法的目的在于得到随着尺度增加的时间-尺度-幅值的表示方法。假设采样频率为 f_s，连续信号 X 离散化为 N 个点，CSMM 尺度的增加步长为 $1/L$，由此，CSMM 的计算步骤如下。

第一步，输入原始信号 $X(t) = s(t)$，采样频率 f_s，长度为 N 的数据点。

第二步，选择尺度步长 $1/L$，数学形态学滤波器 F，以及结构元素 B。

第三步，对原始信号进行线性插值分析，若信号 $X(t)$ 的原始长度为 N，那么，插值后信号 $X(t)$ 就包括 LN 个点。假设 t_c 为插值前的任意时间点，t_a 和 t_b 分别为不同与 t_c 的另外两个点且 $t_a < t_c < t_b$，从而得到 t_c 的插值 x_c 为

$$x_c = x_a + \frac{(t_c - t_a) - (x_b - x_a)}{t_a - t_b} \qquad (4\text{-}39)$$

式中，$x_a = X(t_a)$，$x_b = X(t_b)$。

第四步，利用经典数学形态学滤波器进行计算，这里结构元素 SE 选择为 λB，其中，B 为长度是 1 的结构元素，$\lambda = [1, 2, \cdots, LJ]$，$J$ 为 CSMM 尺度的上限。插值后的时间-尺度表示 $x_I(t, \lambda)$。

第五步，在 LN 到 N 个点的范围对 $x_I(t, \lambda)$ 重采样，保存 CSMM 时间-尺度分析的结果为 $x(t, \lambda / L)$。

值得注意的是，在实际应用中，CSMM 方法的尺度步长的选择尤其重要。对于高频高冲击振动信号，较大的尺度步长可能就已经能够满足，但有时候大尺度步长并不能有效提取故障特征。为解决这一问题，可以根据经验值选较择细的尺度步长。一般来说，尺度步长越小越好，但却会消耗太多计算资源。因此，我们必须根据实际情况在两者之间折中。为验证尺度步长对算法的影响，这里应用 CSMM 方法分析基于式（4-34）的仿真信号 $s(t)$，其采样频率仍然为 2000 Hz。当尺度步长为 0.2 时得到 CSMM 的计算结果 $A(t, \lambda / L)$ 如图 4-39 所示，在时间 $t = 0.0541$ s 的放大信号如图 4-40 所示。比较图 4-39 和图 4-40，发现通过 CSMM 方法，能够提取到更多冲击信号。

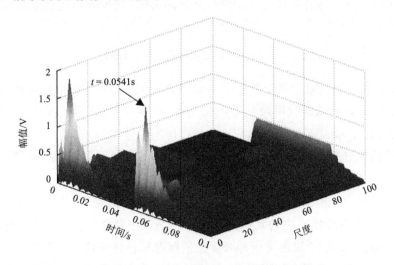

图 4-39　尺度步长为 0.2 时 CSMM 结果

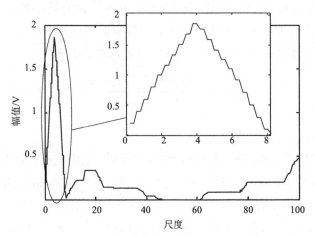

图 4-40　当 $t=0.0541$ s 时图 4-39 的截面图

基于 CSMM 策略可以得到中心尺度 μ 和带宽 w，以对滚动轴承的周期性冲击信号进行解调，下面进行详细介绍。

4.3.2　连续尺度形态分析在轴承智能健康监测中的应用

本节将首先介绍以峭度为指标，采用自适应合并方法确定冲击特征信号所在的最优尺度带，然后详细描述 CSMM 方法在轴承智能健康监测中的应用。

1. 确定冲击特征所在的最优尺度

根据以上分析，$s(t)$ 信号由 CSMM 处理的时间 尺度表示可以沿尺度轴分解为

$$x(t,\lambda/L) = \left\{ x(t,1/L), x(t,2/L), \cdots, x(t,J) \right\} \tag{4-40}$$

上式表明，尽管冲击特征分散于整个 CSMM 尺度，但存在一个提取冲击特征的最优尺度。因此，选择最优尺度带主要有以下两个作用：一是得到具有最多冲击特征的尺度范围；二是消除噪声分量在这些尺度区间的分布。

已有的研究选择小波滤波器或共振解调的带通参数时，常常选用不同的指标。例如，Wang 等[25]以最大峭度辨识多尺度瞬时故障，发现峭度不仅能够有效反映信号的冲击特征，还能很好地处理轴承故障引起外界干扰信号，如载荷波动、速度波动及由于周围环境产生的其他冲击信号。为减小数据中其他因素对峭度指标的影响，Gryllias 等[26]提出了一种峰值能量标准以自适应选择中心频率和相应小波窗带宽的方法。在所有的指标中，峭度的有效性明显得到许多研究结果的验

证，因此这里选择频域峭度作为指标来确定 CSMM 的最优尺度带。峭度指标可定义如下：

$$Kurtosis(s(t)) = \frac{E\{s(t) - E\{s(t)\}\}^4}{E\{(s(t) - E\{s(t)\})^2\}^2} \tag{4-41}$$

式中，$E\{\cdot\}$ 为期望值。

峭度越大，冲击信号越多。Barszcz 等研究表明[27]，窄带信号谱幅度的峭度能够检测到瞬时低信噪比信号，对于像瞬时振动的非高斯分布的幅度信号，能够更容易得到高斯概率分布的频域峭度。假设 $S(f)$ 为 $s(t)$ 的傅里叶变换幅值，谱点的数量为 n，可以得到频域峭度：

$$K\big(S(f)\big) = \frac{(1/n)\sum\limits_{i=1}^{n}\bigg(S_i(f) - \bar{S}(f)\bigg)^4}{\bigg((1/n)\sum\limits_{i=1}^{n}\bigg(S_i(f) - \bar{S}(f)\bigg)^2\bigg)^2} \tag{4-42}$$

基于以上选择指标，这里采用窄带合并方法求取最大频域峭度[28, 29]，以确定冲击信号特征的最优尺度带。$x(t, \lambda/L)$ 的频域-尺度可表示为

$$X(f, \lambda/L) = \{X(f, 1/L), X(f, 2/L), \cdots, X(f, j), \cdots, X(f, J)\} \tag{4-43}$$

与两相邻尺度的频域峭度值不同，窄带合并从最小尺度 λ/L 到最大尺度 J，并不断重复该过程。如果满足以下条件，则合并开始：

$$K(X(f, j) + X(f, j+1)) \geqslant K(X(f, j)) \tag{4-44}$$

合并是用两个窄带的和代替 $X(f, j)$，即

$$X(f, j) + X(f, j+1) \rightarrow X(f, j) \tag{4-45}$$

以上通过验证与下一个最大尺度的增量 $X(f, j)$ 的概率来实现不间断合并。另外，如果合并过程中不满足式（4-44），则用 $Y(f, j)$ 表示 $X(f, j)$，其中，因为 j 既不是合并尺度也不是需合并的尺度，所以称 j 为完成尺度。

通过重复向右合并，或者合并 $LJ-1$ 次，就能够得到频域-尺度信号表示的尺度带序列：$Y(f, 1), Y(f, 2), \cdots, Y(f, m), \cdots, Y(f, M)(M \leqslant LJ)$。假设 $K(Y(f, M))$ 为第 m 次完成的尺度带的峭度，那么，检测轴承的冲击特征就能够通过最优尺度带 m^* 来得到，也就是此时轴承信号的相应最大峭度。

下面详细描述基于峭度指标的 CSMM 窄带合并方法。图 4-41 为信号 $s(t)$ 的 CSMM 时间-尺度表示 $x(t, \lambda/L)$，尺度间隔 $1/L = 0.1$，相应地，100 个窄带的尺度

范围为[0，10]。尺度间隔越小越好，但最小应大于故障特征频率的两倍[30]。

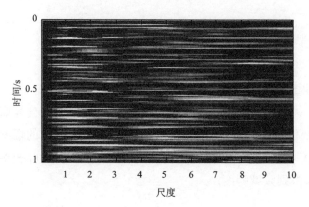

图 4-41　仿真信号 $s(t)$ 的 CSMM 时间-尺度表示

图 4-42 展示了每个窄带的频域峭度。在此基础上，利用式（4-42）～式（4-45）进行窄带合并运算。通过合并操作，100 个初始窄带被自适应地划分为 9 个尺度带。

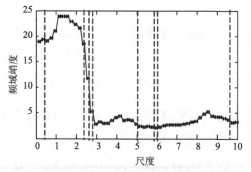

图 4-42　每一个窄带的频域峭度

分别计算每个尺度带的峭度，其结果如图 4-43 所示，对应于最大 $K(Y(f,2)) = 24.16$ 的尺度带[0.5, 2.3]就是最优尺度带。

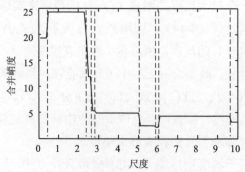

图 4-43　基于峭度指标的 CSMM 窄带合并结果

一旦确定了最优尺度带$[a/L, b/L]$，就可以得到中心尺度及其带宽：

$$\mu = \frac{a+b}{2L}, w = \frac{b-a}{L} \tag{4-46}$$

利用式（4-46），对于图 4-43 的例子，可以得到中心尺度 $\mu = 1.4$，带宽 $w = 1.8$。

2. 轴承故障诊断中的应用

从冲击特征分布的最优尺度带提取冲击特征的方法，可以将其用于识别轴承故障。在确定最优尺度带后，可以利用平均法得到 CSMM 的分解谱：

$$Y(m^*) = \frac{1}{w} \sum_{j=\lfloor \mu-w/2 \rfloor}^{\lceil \mu+w/2 \rceil} X(f, j) \tag{4-47}$$

基于以上分析，利用最优 CSMM 解调方法进行轴承故障诊断的流程如图 4-44 所示。

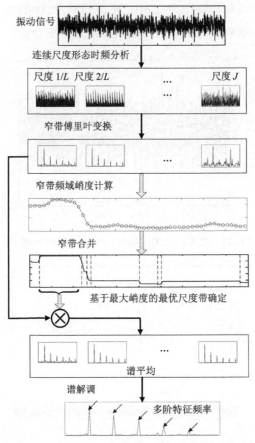

图 4-44　基于最优 CSMM 的轴承故障识别流程图

4.3.3　仿真信号分析

1. 仿真故障轴承信号的最优 CSMM 解调

滚动轴承的振动信号不仅包括式（4-32）和式（4-33）的冲击信号，还包括噪声信号和干扰信号。将冲击信号、噪声信号和干扰信号考虑在一起，仿真故障轴承振动信号 $u(t)$ 如下：

$$u(t) = s(t) + \theta(t) + \delta(t) \tag{4-48}$$

式中，$s(t)$ 为周期性冲击分量，由式（4-32）和式（4-33）给定；仿真过程中选取 $A=[1.8, 2.4]$；$a_d = 100$；$T = 1/18\,\text{s}$；$f_0 = 320\,\text{Hz}$；$\theta(t)$ 为两个干扰分量之和：$0.5\sin(156\pi t)$ 和 $0.6\sin(64\pi t)$；$\delta(t)$ 为高斯白噪声信号。由于冲击分量的周期 $T=1/18\,\text{s}$，因此，故障特征频率 $f_c = 18\,\text{Hz}$。

假设 $t=[0, 1]$，$\delta(t)$ 的信噪比为–3 dB，采样频率为 2000 Hz，图 4-45 和图 4-46 分别给出了仿真故障轴承振动信号的时域波形及其傅里叶谱。

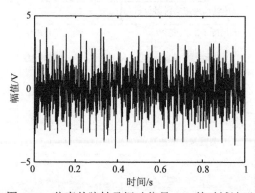

图 4-45　仿真故障轴承振动信号 $u(t)$ 的时域波形

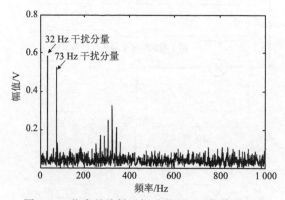

图 4-46　仿真故障轴承振动信号 $u(t)$ 的傅里叶谱

　　图 4-47 展示了 $x(t, \lambda/10)$ 的 CSMM 时间-尺度的三维结果。根据式（4-42），计算 $x(t, \lambda/10)$ 的 $K(X(f, j))$ 频域峭度如图 4-48 所示。

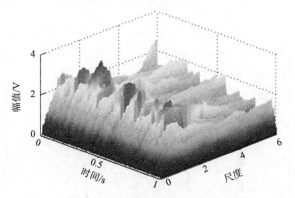

图 4-47　CSMM 时间-尺度表示结果

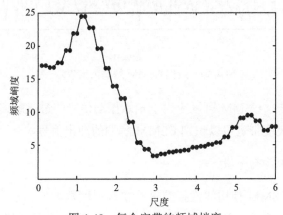

图 4-48　每个窄带的频域峭度

　　通过自适应合并，得到合并后的最优尺度带如图 4-49 所示。

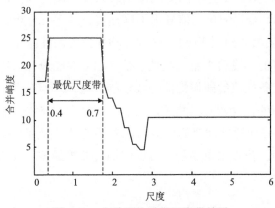

图 4-49　合并后的最优尺度带结果

由图 4-49 可知，最大峭度对应的最优尺度带为[0.6, 1.7]，其中心频率 f=1.15，带宽 w =1.1。根据式（4-47），得到仿真信号 $s(t)$ 的最优 CSMM 解调冲击信号见图 4-50。

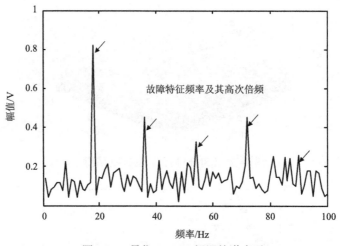

图 4-50　最优 CSMM 解调的谱表示

由图 4-50 可知，CSMM 可以应用于轴承振动信号的最优解调。利用频域窄带合并方法，最优尺度带宽可以识别 CSMM 解调的冲击信号。

2. 插值法的影响分析

如前所述，CSMM 使用线性插值来将整数尺度数学形态学拓展到连续尺度。目前已有许多插值方法，如最近邻插值（NNI）、三次样条插值（PCSI）、形状保持三次样条插值（SPCI）[31]。这里再次用频域峭度查看对冲击特征提取的效果，以比较不同插值对 CSMM 方法的影响。一般来说，峭度越大，冲击解调的效果越好。对式（4-48）给定的仿真信号用不同插值方法进行分析，其频域峭度结果如图 4-51 所示。从图 4-51 中可知，尽管 4 种插值方法性能相近，但它们之间仍有些差别。从所有的峭度值来看，线性插值（LI）性能最好，形状保持三次样条插值次之。三次样条插值的解调性能与线性插值近似，但在大尺度范围内，形状保持三次样条插值的性能较好。然而，在小尺度范围，与线性插值和形状保持三次样条插值相比，三次样条插值的性能与线性插值及大尺度范围的形状保持三次样条插值性能相似。仿真结果显示，最近邻插值效果最差。因此，这里选择线性插值。

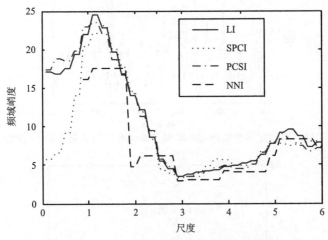

图 4-51　不同插值方法对 CSMM 的影响

3. 与现有的数学形态学分析结果比较

为了进一步说明基于 CSMM 最优尺度带解调方法的性能，这里将该算法与不同的数学形态学方法进行对比。在对比过程中，仍然采用上述的仿真信号，所有数学形态学分析方法都采用式（4-30）定义的形态滤波器，结构元素选用平面型，尺度范围为[0, 6]。

首先采用整形尺度数学形态学方法（也称单尺度数学形态学方法）解调仿真信号的冲击特征，利用第 1 尺度和第 5 尺度解调后的结果分别如图 4-52 和图 4-53 所示。从图 4-52 和图 4-53 中可以看到，检测到的特征频率 f_c 为 18 Hz，而且其第 3 共振谐波完全可以通过第 1 尺度解调，如图 4-52 所示。同时，频率为 $2(32-f_c)$= 28 Hz 处的干扰分量的能量较大。另外，由图 4-53 可以得到，第 5 尺度解调谱中，频率为 78 Hz 的干扰分量和频率为 32 Hz 的干扰分量（78–32=46 Hz）之差最大。结果表明，第 5 尺度解调结果距中心尺度（1.15）甚远，不能提取故障特征。相反地，第 1 尺度解调结果较好，距中心尺度（1.15）较近。然而，由于整数尺度解调的局限性，始终达不到最优的中心尺度（1.15）。以上结果表明：解调尺度的选择对于故障识别的结果影响较大，对于整数尺度解调，即使选择最优整数尺度，解调结果仍然与实际中心尺度有一定的差距。

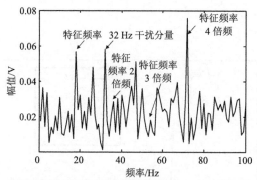

图 4-52　整数尺度数学形态学解调（单尺度）的结果（第 1 尺度）

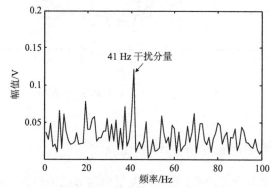

图 4-53　整数尺度数学形态学解调（单尺度）的结果（第 5 尺度）

　　除了单尺度外，下面利用多尺度（整数尺度）数学形态学方法进行轴承故障特征解调。分别采用尺度 1～3 和尺度 1～6 对轴承信号解调，其结果如图 4-54 和图 4-55 所示。由于受到整数尺度的限制，利用现有的多尺度数学形态学方法并不能得到实际的最优尺度带（本例为 0.6～1.7），而且过宽的尺度范围也会使解调结果不准确，如图 4-55 所示。

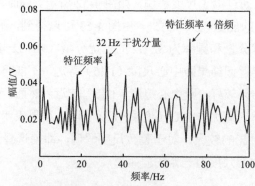

图 4-54　整数尺度数学形态学解调（多尺度）方法（1～3 尺度）

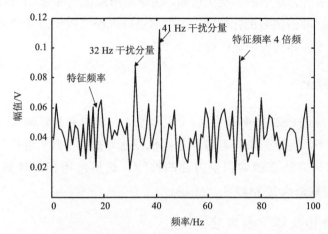

图 4-55　整数尺度数学形态学解调（多尺度）方法（1～6 尺度）

　　除了与整数尺度数学形态学解调对比外，下面继续与其他方法比较以分析 CSMM 最优尺度解调的优点。假设最优尺度带未知，考虑所有 CSMM 尺度的平均值，图 4-56 为平均尺度的 CSMM 解调谱（尺度步长为 0.1），由图 4-56 可知，尽管可以得到故障特征频率 18 Hz 及其二阶共振谐波，但图 4-56 中显示的最大谱线（46 Hz）却与故障特征频率及其谐波并没有任何关系，该频率（46 Hz）是频率 78 Hz 和频率 32 Hz 的差值。对比图 4-56 和图 4-50，从图 4-50 中能够清晰地看到，解调后的最大峰值正是故障特征频率的 5 阶谐波，这再次证明了最优尺度带 CSMM 算法的优越性。

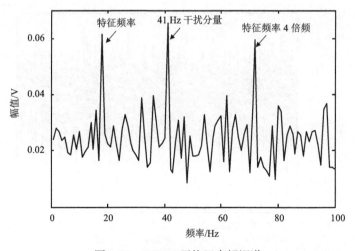

图 4-56　CSMM 平均尺度解调谱

综合前面各种方法的解调结果可知，由于采用最优尺度带，CSMM 方法不但能够更准确地对冲击信号进行解调，还能够更好地提取故障信号特征，并在去除信号干扰和噪声方面存在明显的优势。

4.3.4　实验验证

下面采用最优 CSMM 解调方法，分别识别正常轴承和故障轴承两种振动信号表达的健康状态。实验在如图 4-19 所示的机械故障模拟平台上进行。为了验证最优 CSMM 解调方法在故障识别方面的性能，这里选用相对较低的采样频率 2000 Hz，采集数据长度 3 s。

1. 轴承外圈故障识别实验

外圈故障诊断实验中，将一外圈有故障的滚动轴承预先安装在轴的左端，该滚动轴承的型号为 ER-16K（MB），相关参数为：滚动轴承内径为 1 in，外径为 1.548 in，滚珠直径为 0.3125 in，共 9 颗滚珠。实验过程中，轴的转速为 500 r/min，也即 f_r=8.33 Hz。根据故障实验台的使用说明书可知，该轴承外圈故障特征频率（BPFO）为 3.592f_r，即 29.9 Hz。

为尽量模拟滚动轴承真实运行环境中的振动干扰信号，在负载轴和电机之间引入轻微的偏差，这样就可以加强振动实验过程中的转动频率能量及其共振谐波信号。图 4-57 和图 4-58 分别为外圈轴承故障振动信号的时域波形及其傅里叶谱。

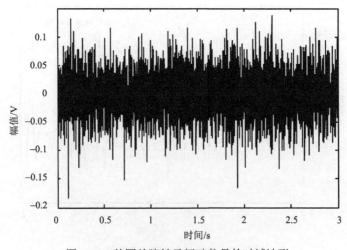

图 4-57　外圈故障轴承振动信号的时域波形

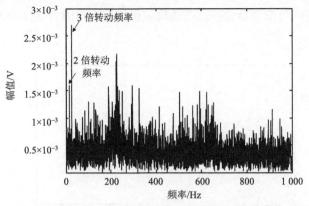

图 4-58　外圈故障轴承振动信号的傅里叶谱

从图 4-58 傅里叶谱中可以观察到转动频率 f_r=8.33 Hz 的二次和三次谐波，但不能观察到轴承外圈故障特征频率（BPFO）或其谐波。图 4-59 和图 4-60 分别为采用 CSMM 时间-尺度表示及其频域峭度。

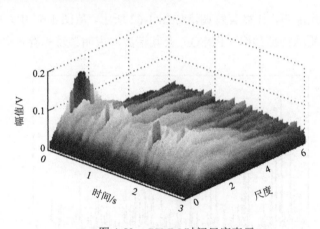

图 4-59　CSMM 时间尺度表示

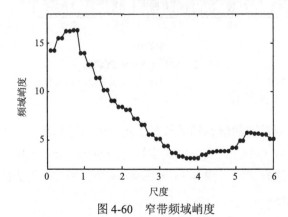

图 4-60　窄带频域峭度

基于峭度指标进行窄带合并后,可以确定最优尺度范围为 0.1~0.8,如图 4-61 所示。

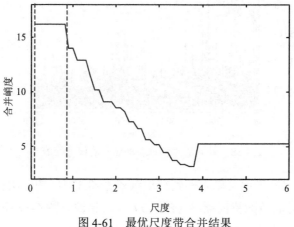

图 4-61 最优尺度带合并结果

利用该最优尺度带,计算其解调谱如图 4-62 所示。从图 4-62 中,可以清晰地观察到轴承外圈故障特征频率(BPFO)及其谐波,表明该轴承存在外圈故障。

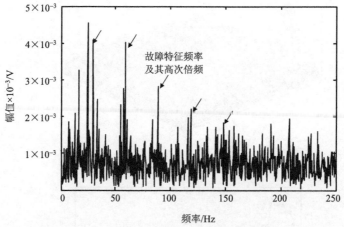

图 4-62 最优 CSMM 解调谱

2. 内圈故障识别实验

接下来,用内圈故障的滚动轴承代替上述外圈故障轴承,该轴承的内圈故障特征频率(BPFI)为 $5.408 f_{\mathrm{r}}$。实验中设定转速为 500 r/min,同时也引入轻微的偏心以模拟轴承实际运行状况。图 4-63 和图 4-64 分别为实验得到的振动信号的时域波形及其频域表示。

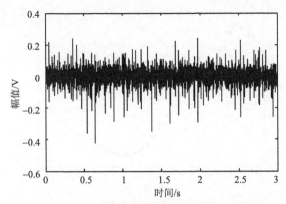

图 4-63　内圈故障轴承振动信号的时域波形

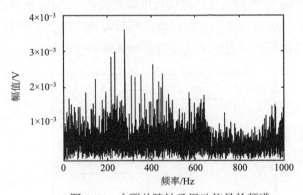

图 4-64　内圈故障轴承振动信号的频谱

图 4-64 所示该信号的 CSMM 时间-尺度和频域峭度值分别如图 4-65 和图 4-66 所示。

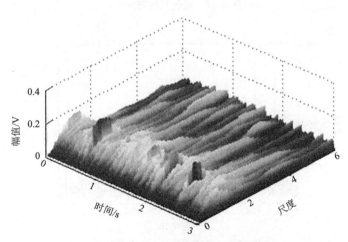

图 4-65　CSMM 时间尺度表示

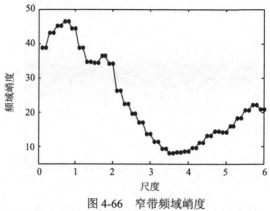

图 4-66　窄带频域峭度

　　图 4-67 和图 4-68 分别为信号的最优尺度带及最优 CSMM 解调谱。从图 4-68可以看到，最优 CSMM 解调谱中存在轴承内圈故障特征频率（BPFI）（5.408f_r，即 45.1 Hz）及其多次谐波，表明本次实验的轴承内圈存在故障。

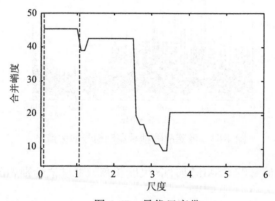

图 4-67　最优尺度带

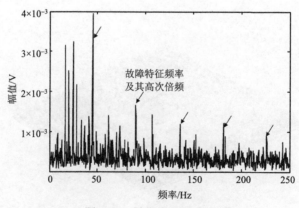

故障特征频率及其高次倍频

图 4-68　最优 CSMM 解调谱

3. 正常轴承状态监测

在分析滚动轴承的内圈和外圈故障识别性能后，实验中用运行状况良好的正常轴承（MB，ER-10K）代替以上故障轴承，轴承的相关参数如下：内径 0.625 in，外径 1.319 in，滚珠直径 0.3125 in，共 8 颗滚珠。变频器频率设定为 f_r=8.33 Hz 进行实验，图 4-69 和图 4-70 分别为加速度传感器采集到的振动信号的时域波形和傅里叶谱。

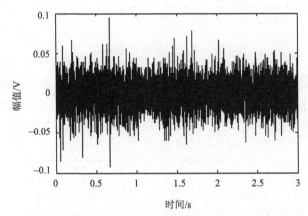

图 4-69　正常轴承健康状态监测到的振动信号的时域波形

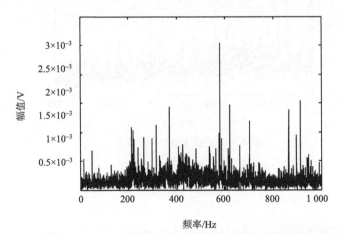

图 4-70　正常轴承健康状态监测到的振动信号的傅里叶谱

这里仍然采用最优 CSMM 解调方法对加速度信号进行解调，由图 4-71 可以得到最优尺度带的范围为[1.7, 3.5]。值得注意的是，在局部最大峭度中存在三个合并后的窄带，分别为：[0.1, 0.7]，[0.7, 3.5]，[4.1, 5.5]。这说明在 CSMM 解调结果中没有任何占主导地位的尺度带。

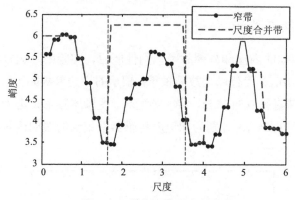

图 4-71　最优尺度带合并结果

如图 4-72 所示为最优 CSMM 解调谱，从图 4-72 中可以看到，解调谱中只有转动频率的谐波而没有发现任何故障特征频率，这表明所检测的轴承没有任何故障，运行状态良好。

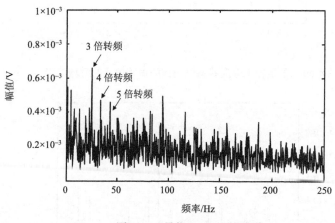

图 4-72　最优 CSMM 解调谱

4.4　小　结

本章首先介绍了一种振动信号的多尺度自相关形态小波切片的方法来智能识别轴承健康状态。滚动轴承的振动信号首先用形态平稳小波分解以提取周期性冲击分量，然后利用形态小波切片表示以集成时间（或频率）、尺度和幅值信息。为进一步分析故障特征的内、外尺度周期特征，采用多尺度自相关方法以增强傅里叶谱表示。理论仿真和实验结果验证了所提出方法在滚动轴承方面应用的可行性。该方法的主要优势在于：①鲁棒性好；②为故障特征的表示提供了一种新选择；③通过消除宽带噪声和干扰，以及减少带内随机噪声的方法，双重增强了故障识别的能力。

本章还介绍了连续尺度数学形态学方法，并利用该方法对滚动轴承进行健康状态智能监测。在连续尺度分析中，通过插值和重采样得到连续尺度。基于频域峭度指标，通过窄带尺度合并获得最优尺度带。利用所得到的最优尺度带，可以有效解调故障轴承的冲击特征。在对轴承的故障识别过程中，与现有的其他数学形态分析方法对比，无论是提取冲击特征还是降低噪声或干扰影响，连续尺度数学形态学方法都得到了更好的解调结果。模拟信号和实验结果表明，本章提出的最优 CSMM 解调方法能够应用于轴承振动信号的冲击特征提取，该方法也拓展了数学形态学方法在滚动轴承故障振动信号冲击特征最优解调中的应用。

参 考 文 献

[1] Serra J. Image Analysis and Mathematical Morphology[M]. New York：Academic Press，1982.

[2] Nikolaou N G，Antoniadis I A. Application of morphological operators as envelope extractors for impulsive-type periodic signals[J]. Mechanical Systems and Signal Processing，2003，17(6)：1147-1162.

[3] He W，Jiang Z，Qin Q. A joint adaptive wavelet filter and morphological signal processing method for weak mechanical impulse extraction[J]. Journal of Mechanical Science and Technology，2010，24(8)：1709-1716.

[4] Hao R，Chu F. Morphological undecimated wavelet decomposition for fault diagnostics of rolling element bearings[J]. Journal of Sound and Vibration，2009，320(4)：1164-1177.

[5] Zhang L，Xu J，Yang J，et al. Multiscale morphology analysis and its application to fault diagnosis[J]. Mechanical Systems and Signal Processing，2008，22(3)：597-610.

[6] Yan R，Gao R X. Multi-scale enveloping spectrogram for vibration analysis in bearing defect diagnosis[J]. Tribology International，2009，42(2)：293-302.

[7] Heijmans H J A M，Goutsias J. Nonlinear multiresolution signal decomposition schemes II：Morphological wavelets[J]. IEEE Transactions on Image Processing，2000，9(11)：1897-1913.

[8] Matheron G. Random Sets and Integral Geometry[M]. New York：Wiley，1975.

[9] Goutsias J，Heijmans H J A M. Nonlinear multiresolution signal decomposition schemes. I. Morphological pyramids[J]. IEEE Transactions on Image Processing，2000，9(11)：1862-1876.

[10] Zhang J F，Smith J S，Wu Q H. Morphological undecimated wavelet decomposition for fault location on power transmission lines[J]. IEEE Transactions on Circuits and Systems I：Regular Papers，2006，53(6)：1395-1402.

[11] Jalba A C，Wilkinson M H F，Roerdink J B T M. Morphological hat-transform scale spaces and their use in pattern classification[J]. Pattern Recognition，2004，37(5)：901-915.

[12] Patargias T I, Yiakopoulos C T, Antoniadis I A. Performance assessment of a morphological index in fault prediction and trending of defective rolling element bearings[J]. Nondestructive Testing and Evaluation, 2006, 21(1): 39-60.

[13] Antoni J, Randall R B. A stochastic model for simulation and diagnostics of rolling element bearings with localized faults[J]. Journal of Vibration and Acoustics, 2003, 125(3): 282-289.

[14] Zhou Y, Chen J, Dong G M, et al. Application of the horizontal slice of cyclic bispectrum in rolling element bearings diagnosis[J]. Mechanical Systems and Signal Processing, 2012, 26: 229-243.

[15] Miao Q, Wang D, Huang H Z. Identification of characteristic components in frequency domain from signal singularities[J]. Review of Scientific Instruments, 2010, 81(3): 035113.

[16] Rafiee J, Tse P W. Use of autocorrelation of wavelet coefficients for fault diagnosis[J]. Mechanical Systems and Signal Processing, 2009, 23(5): 1554-1572.

[17] Huang Y X, Schmitt F G, Lu Z M, et al. Autocorrelation function of velocity increments time series in fully developed turbulence[J]. Europhysics Letters, 2009, 86(4): 40010.

[18] Ryu J, Sato H, Kurakata K. Use of autocorrelation analysis to characterize audibility of low-frequency tonal signals[J]. Journal of Sound and Vibration, 2011, 330(21): 5210-5222.

[19] Hong H. Rotating machinery monitoring: Feature extraction, signal separation, and fault severity evaluation[D]. Ottawa: University of Ottawa, 2007.

[20] Antoni J, Randall R B. The spectral kurtosis: Application to the vibratory surveillance and diagnostics of rotating machines[J]. Mechanical Systems and Signal Processing, 2006, 20(2): 308-331.

[21] Antoni J. Fast computation of the kurtogram for the detection of transient faults[J]. Mechanical Systems and Signal Processing, 2007, 21(1): 108-124.

[??] Bojar K. Trend extraction from noisy discrete signals by means of singular spectrum analysis and morphological despiking[J]. Przeglad Elektrotechniczny, 2011, 87(6): 241-244.

[23] Dong Y, Liao M, Zhang X, et al. Faults diagnosis of rolling element bearings based on modified morphological method[J]. Mechanical Systems and Signal Processing, 2011, 25(4): 1276-1286.

[24] Ericsson S, Grip N, Johansson E, et al. Towards automatic detection of local bearing defects in rotating machines[J]. Mechanical Systems and Signal Processing, 2005, 19(3): 509-535.

[25] Wang Y, Liang M. Identification of multiple transient faults based on the adaptive spectral kurtosis method[J]. Journal of Sound and Vibration, 2012, 331(2): 470-486.

[26] Gryllias K C, Antoniadis I. A peak energy criterion (pe) for the selection of resonance bands in complex shifted morlet wavelet (csmw) based demodulation of defective rolling element bearings vibration response[J]. International Journal of Wavelets, Multiresolution and Information Processing, 2009, 7(4): 387-410.

[27] Barszcz T, Jabłoński A. A novel method for the optimal band selection for vibration signal demodulation and comparison with the Kurtogram[J]. Mechanical Systems and Signal Processing, 2011, 25(1): 431-451.

[28] Wang Y，Liang M. An adaptive SK technique and its application for fault detection of rolling element bearings[J]. Mechanical Systems and Signal Processing，2011，25(5)：1750-1764.

[29] Rudoy D，Basu P，Wolfe P J. Superposition frames for adaptive time-frequency analysis and fast reconstruction[J]. IEEE Transactions on Signal Processing，2010，58(5)：2581-2596.

[30] McFadden P D，Smith J D. Vibration monitoring of rolling element bearings by the high-frequency resonance technique：A review[J]. Tribology international，1984，17(1)：3-10.

[31] Torokhti A，Miklavcic S J. Filtering of infinite sets of stochastic signals：An approach based on interpolation techniques[J]. Signal Processing，2011，91(11)：2556-2566.

第5章 基于振动信号广义同步挤压变换的滚动轴承智能健康监测

在变速工况下，滚动轴承的振动信号表现为非平稳状态。信号时频分析是一种有效的滚动轴承故障诊断方法，可以对非平稳状态的轴承信号进行有效分析。但是，在没有转速计帮助下，同步监测滚动轴承的特征频率和转频是一项具有挑战性的工作。本章将介绍一种新的时频分析方法——广义同步挤压变换，用以智能监测变转速工况下的滚动轴承健康状态。

5.1 广义同步挤压变换原理

同步挤压变换是一种基于小波的信号时频表示方法，由 Daubechies 等[1]提出，并应用于心电图和气候学信号分析[2,3]。最初提出的同步挤压变换是基于连续复小波变换的，为了方便理解同步挤压变换，首先介绍相关背景知识。

5.1.1 连续复小波变换

一个单分量渐近调幅–调频（Amplitude Modulated-Frequency Modulated，AM-FM）信号定义如下：

$$s(t) = A(t)\cos(\phi(t)) \tag{5-1}$$

令 $A_{inst}(t) = A(t)$ 表示信号的瞬时幅值（Instantaneous Amplitude，IA）；$\phi(t)$ 表示信号瞬时相位（Instantaneous Phase，IP）。根据以上定义，信号的瞬时频率（Instantaneous Frequency，IF）相应可定义为

$$f_{inst}(t) = \frac{\mathrm{d}\phi(t)}{2\pi\mathrm{d}t} \tag{5-2}$$

信号 $s(t)$ 的连续复小波变换定义如下：

$$W_s(a,b) = \langle s(t), \psi_{a,b}(t) \rangle = \frac{1}{\sqrt{a}} \int s(t) \psi * \left(\frac{t-b}{a} \right) \mathrm{d}t \tag{5-3}$$

式中，符号"*"表示复共轭运算；a 表示尺度变换系数；b表示水平变换系数；$\psi(\cdot)$ 是一个恰当选择的母小波函数。仅考虑正频率轴时，有

$$\psi(t) = g(t)\exp(\mathrm{i}\omega_0 t) \tag{5-4}$$

式中，$g(t)$是一个窗口函数；ω_0 是小波的中心角频率。

沿着小波变换的尺度变换方向，在每一个时间点，存在小波变换 $W_s(a,b)$ 的模极大值。这些各个点的 $W_s(a,b)$ 的模极大值，组合在一起形成一条曲线，该曲线被称为小波脊线（Wavelet Ridge），简称为脊线，表示为

$$P = \{(a_r,b) \in \mathbf{R}^2; M_s(a_r,b) = \max(|W_s(a_i,b)|)\} \tag{5-5}$$

式中，(a_r,b) 是在时间点 b 的脊点；$|W_s(a_i,b)|$ 描述了小波系数的模，即

$$|W_s(a_i,b)| = \sqrt{(\mathrm{Re}(W_s(a,b)))^2 + (\mathrm{Im}(W_s(a,b)))^2} \tag{5-6}$$

式中，$\mathrm{Re}(W_s(a,b))$ 和 $\mathrm{Im}(W_s(a,b))$ 分别表示信号 $s(t)$ 的小波变换的实部和虚部。

在实际应用中，式（5-1）所示信号的表达式通常不能直接利用。但是，通过小波变换后，基于提取的脊 (a_r,b)，可以计算信号的瞬时频率（IF）和瞬时幅值（IA）如下[4]：

$$f_{\mathrm{inst}}(t) = \frac{\omega_0}{2\pi a_r(t)} \tag{5-7}$$

$$A_{\mathrm{inst}}(t) \approx \frac{2|W_s(a_r(t),t)|}{\sqrt{a_r(t)}|\hat{g}(0)|} \tag{5-8}$$

式中，$\hat{g}(0) = \hat{g}(\omega)|_{\omega=0}$，$\hat{g}(\omega)$ 表示 $g(t)$ 的傅里叶变换。

根据式（5-7）和式（5-8），通过小波变换可以提取信号的时频信息。然而，通过这种方式产生的信号时频表示质量不高，比较模糊，降低了瞬时幅值的可读性。为了提高时频表示的质量，Daubechies 等提出了同步挤压增强小波变换的方法[1]，下面将进行详细描述。

5.1.2　同步挤压变换增强小波时频表示

假设信号有着恒定的瞬时频率和恒定的瞬时幅度，即

$$f_{\mathrm{inst}}(t) = f, A_{\mathrm{inst}}(t) = A \tag{5-9}$$

将式（5-9）代入式（5-3）有

$$W_s(a,b) = \frac{1}{\sqrt{a}} \int \hat{s}(\xi)\hat{\varphi}(a\xi)\mathrm{e}^{ib\xi}\,\mathrm{d}\xi = \frac{A}{2\sqrt{a}}\hat{\varphi}(af)\mathrm{e}^{ibf} \qquad (5\text{-}10)$$

在时间-尺度平面内，$W_s(a,b)$ 通常因为扩散而导致模糊不清的投影。对一个给定的时间偏移 b，这个扩散发生在尺度维（a 维）。假如在时间维（b 维）的模糊不清行为忽略不计且在任何 (a,b) 取值，都有 $W_s(a,b) \neq 0$，则信号的瞬时频率 $f_{\text{inst}}(a,b)$ 计算如下：

$$f_{\text{inst}}(a,b) = \frac{-\mathrm{i}}{W_s(a,b)}\frac{\partial(W_s(a,b))}{\partial b} \qquad (5\text{-}11)$$

在实际计算时，a、b 和 f 都是离散的。对于任意 a_k，假如 $(\Delta a)_k = a_k - a_{k-1}$，当从时间-尺度平面映射到时频平面时，即 $(b,a) \rightarrow (b, f_{\text{inst}}(a,b))$，在频率范围 $\left[f_l - \frac{\Delta f}{2}, f_l + \Delta f/2\right]$ 内，以 f_l 为中心，实施如下同步挤压变换 $S(f, b)$：

$$S(f_l,b) = \frac{1}{\Delta f} \sum_{a_k:|f_s(a_k,b)-f_l| \leqslant \frac{\Delta f}{2}} W_s(a_k,b)\, a_k^{-3/2}(\Delta a)_k \qquad (5\text{-}12)$$

式（5-12）表明信号 $s(t)$ 只沿着频率轴（或尺度 a）进行了同步挤压。本质上这仍然是一个基于小波变换的时频表示方法，只是对小波变换后的时频表示 $R(t,f)$ 沿着频率轴进行了挤压。

Djurovic 引入调频率（Chirp Rate）来描述瞬时频率的变化率[5]，调频率定义如下：

$$c(t) = \frac{\mathrm{d}f_{\text{inst}}(t)}{\mathrm{d}t} \qquad (5\text{-}13)$$

假如调频率 $c(t) \neq 0$，时间和频率维都会发生扩散。因此，式（5-12）所示的单轴挤压还不能够充分增强信号的时频表示质量。

5.1.3　同步挤压增强小波变换的应用

下面定义一个模拟信号，以测试同步挤压增强小波变换等时频表示方法提取信号时频特征的性能。模拟信号 $s(t)$ 定义如下：

$$s(t) = \begin{cases} \cos\left(\dfrac{\pi t}{10} + 2\pi\sin(\dfrac{\pi t}{150})\right), 0 \leq t \leq 2.5 \\ 0.5\cos\left(\dfrac{\pi t}{15}\right), \qquad\qquad 2.5 < t \leq 5 \end{cases} \qquad (5\text{-}14)$$

图 5-1 为 $s(t)$ 的时域波形图，真实的瞬时频率如图 5-2 所示。

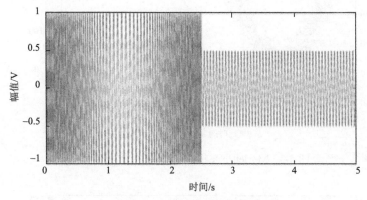

图 5-1　信号 $s(t)$ 的时域波形图

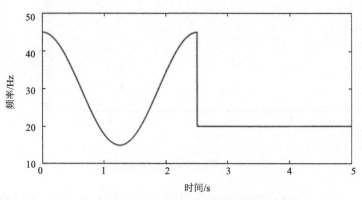

图 5-2　信号 $s(t)$ 的真实的瞬时频率轨迹

图 5-3 和图 5-4 分别展示了采用 Morlet 小波和同步挤压增强小波变换生成的时频表示结果。比较图 5-3 和图 5-4 可知，小波变换产生的模拟信号 $x_1(t)$ 的时频表示存在着严重的模糊不清，甚至在水平部分，也很模糊。如图 5-4 所示，同其他时频表示方法如 Morlet 小波相比，同步挤压变换提供了更好的自适应能力和非常好的信号分量重构模式。

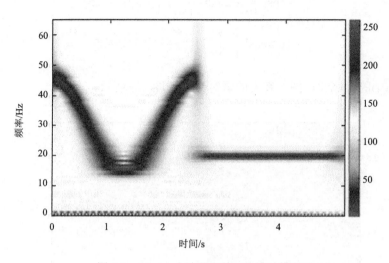

图 5-3　Morlet 小波获取的 $s(t)$ 的时频表示

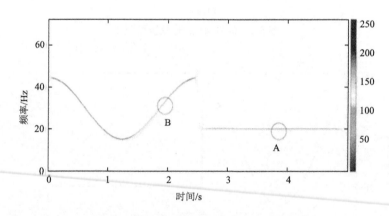

图 5-4　同步挤压变换获取的 $s(t)$ 的时频表示

图 5-4 中，区域 A 中小波脊线为水平直线，这个区域 $c(t) = 0$，瞬时频率和瞬时幅度轨迹都能够从同步挤压增强小波变换时频表示精确地提取出。而在区域 B，小波脊线为曲线，$c(t) \neq 0$，图 5-4 所示的时频表示明显弱于区域 A 的时频特征提取。比较图 5-4 中 A 和 B 两个区域，对于小波脊线水平部分，$c(t) = 0$，频率轴的同步挤压可以有效地增强小波变换时频表示；对于小波脊线曲线部分，$c(t) \neq 0$，仅在频率轴实施单轴挤压操作，会产生大量模糊不清的信息或冗余信息。

正如 Daubechies 等[6]所指出的，这种转换仅局限于连续小波变换（CWT）的成比例可变部分。相应于时间维，事实上也有一个时间偏移被增加到 CWT 的比例变化。对理想的信号来说，频率维（a 维）扩展占据着垄断地位，但是当处理带有噪声调幅调频信号时，时间维（b 维）扩散也是不能被忽视的。通过同步挤压变换，纵使调幅调频信号的瞬时频率的轨迹能够提取，然而因为 b 维扩散，相关的瞬时幅度提取仍然存在问题。除此之外，作为一个时频增强表示后处理方法，同步挤压变换的时频分辨率仍然受海森伯不确定原理局限。

为了克服同步挤压变换单轴挤压的缺点，可以对式（5-11）和式（5-12）中所示的挤压，既考虑频率轴，也考虑时间轴，进行双轴挤压。然而，对同步挤压方法来说，双轴挤压又显得很难实现。

观察图 5-4，当 $c(t) = 0$ 时，仅考虑频率轴的挤压，在时间维上，没有任何影响，同步挤压后的时频表示效果非常好。受此启发，本书提出如下思路[7, 8]：将 $c(t) \neq 0$ 的信号，通过组合平移、旋转、扭转等变换机制，将有着时变瞬时频率的初始信号映射成 $c(t) = 0$ 解析信号，避免或减少时间维的扩散影响，然后利用同步挤压增强小波变换，进而获取清晰高质量的信号时频表示。下面将详细介绍广义同步挤压变换的实现机制。

5.1.4　广义同步挤压变换的瞬时频率映射和恢复机制

为了利用频域信号的同步挤压，首先介绍瞬时频率映射机制。Cheng 等[9]提出的广义傅里叶变换（Generalized Fourier Transform，GFT）用来实现上述思路。信号 $s(t)$ 的 GFT 给定如下：

$$S_G(f) = \mathrm{F}_G(s(t)) = \int_{-\infty}^{+\infty} s(t) \mathrm{e}^{-\mathrm{i}2\pi(ft + x_0(t))} \mathrm{d}t \qquad (5\text{-}15)$$

式中，$x_0(t)$ 是一个实值转换函数，指定了信号的相位转换行为。信号能够从广义傅里叶变换的逆变换中计算出，也就是说：

$$s(t) = \mathrm{F}_G^{-1}(S_G(f)) = \mathrm{e}^{\mathrm{i}2\pi x_0(t)} \int_{-\infty}^{+\infty} S_G(f) \mathrm{e}^{\mathrm{i}2\pi f_0} \mathrm{d}t \qquad (5\text{-}16)$$

假如 $S_G(f) = \delta(f - f_0)$，然后 $s(t) = \mathrm{e}^{\mathrm{i}2\pi(f_0 + x_0(t))}$。这里 f_0 是期望的广义傅里叶变换水平频率脊线，表示如下：

$$f_0 = f(t) - \frac{\mathrm{d}x_0(t)}{\mathrm{d}t} = f(t) - x_0'(t) \qquad (5\text{-}17)$$

在理想状况下，因为广义傅里叶变换和连续小波变换都产生同样的瞬时频率脊线，广义傅里叶变换的水平频率脊与相同信号的水平瞬时频率是相关的。根据广义傅里叶变换理论，使用一个映射函数 $\mathrm{e}^{-\mathrm{i}2\pi x_0(t)}$，将信号 $s(t)$ 映射到解析信号 $s(t)\mathrm{e}^{-\mathrm{i}2\pi x_0(t)}$，信号的能量和瞬时频率能够收敛到一个水平脊线 f_0，也就是说

$c(t) = 0$。类似地，应用这个映射函数到频率表示，$S_G(f_0) \to S_G(f_0)e^{-i2\pi x_0(t)}$，将会恢复到时域信号。这个过程的提出受益于 Olhede 和 Walde[10]提出的广义解调方法。

为了在复数域应用瞬时频率映射，首先将 $s(t)$ 转换为一个解析信号：

$$u(t) = s(t)+iH(s(t)) \tag{5-18}$$

式中，$H(s(t))$ 表示信号 $s(t)$ 的希尔伯特变换，也就是说：

$$H(s(t))=s(t)*\left(\frac{1}{\pi t}\right) \tag{5-19}$$

然后对解析信号 $u(t)$ 使用映射函数 $e^{-i2\pi x_0(t)}$ 进行如下转换：

$$v(t)=u(t)e^{-i2\pi x_0(t)} \tag{5-20}$$

在瞬时频率映射期间，为了清除 $v(t)$ 中负频成分的影响，采用另外一个希尔伯特变换建立新的解析信号：

$$w(t) = v(t)+iH(v(t)) \tag{5-21}$$

这个解析信号 $w(t)$ 将替代原始信号 $s(t)$，进行连续小波变换 W_W。这个时间-尺度变换结果如下所示：

$$W_y(a,b)=W_W(a,b)e^{-i2\pi x_0(t)} \tag{5-22}$$

需要注意的是，包括各自映射的实部和虚部，W_y 的模与 W_W 的模相等。这也是广义同步挤压变换能够提高信号时频表示的主要原因。根据式（5-11），联合实部和虚部映射，恢复瞬时频率：$f_{yinst}(a,b)=f_{sinst}(a,b)$。然而，通过瞬时频率映射，式（5-12）定义的同步挤压变换显示解析信号 $w(t)$ 的收敛特征能够保留，也就是说：

$$S_s(f_s,b) \Leftrightarrow S_y(f_y,b)=S_w\left(f_w\frac{f(t)-x_0'(t)}{f(t)},b\right) \tag{5-23}$$

上式表明，信号 $s(t)$ 的瞬时频率已经恢复且信号的时频表示可以进一步实施广义同步挤压变换。通过这种方式，消除时间维和频率维的模糊不清，可以获得增强的时频表示。因此，瞬时频率和瞬时幅度能够从被广义同步挤压变换增强的时频表示中提取出。图 5-5 为广义同步挤压变换的流程图。

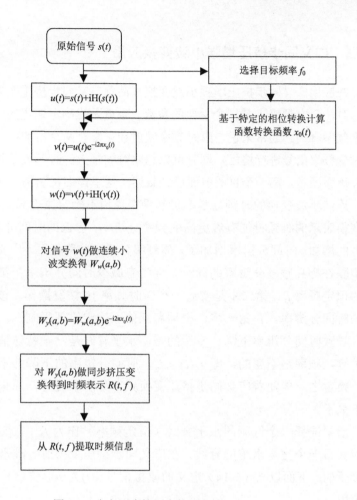

图 5-5　广义同步挤压变换流程图

　　基于广义同步挤压变换所得的时频表示，采用类似于最初同步挤压变换所采取的信号重构机制，可以得到重建的信号。经典的同步挤压变换信号重构机制如下[1]：

$$s(b) = \mathrm{Re}(C_\varphi^{-1} \sum_l S_S(f_l, b)(\Delta f)) \tag{5-24}$$

式中，$C_\varphi = 0.5 \int_0^{+\infty} (\hat{\varphi}(\xi) / \xi) \mathrm{d}\xi$。使用 $S_y(f_y, b)$ 替代上中的 $S_S(f_l, b)$，广义同步挤压变换的信号重构公式如下：

$$s(b) = \mathrm{Re}(C_\varphi^{-1} \sum_l S_y(f_y, b)(\Delta f)) \tag{5-25}$$

5.1.5　广义同步挤压增强小波变换应用

在应用广义同步挤压增强小波变换（简称广义同步挤压变换）进行信号时频表示时，恒定频率 f_0 是一个重要的参数，也就是说确定期望的广义傅里叶变换的水平频率脊线。通常来说，瞬时频率映射和恢复有两个目的：一是利用同步挤压对时变频率信号进行挤压，同时可以忽略时间维上的时频表示扩散；二是减轻时频分辨率困难。第一个目的前面已经叙述，这里详细说明第二个目的。

连续小波变换的时频分辨率仍然受海森伯不确定原理局限。当尺度越低，小波变换表示的时频特征有着更高的频率分辨率，更低的时间分辨率。反之，随着尺度的增加，时间分辨率增加了，而频率分辨率却降低了。广义同步变换通过两个步骤在提高频率分辨率的同时，并没有减少时间分辨率：第一步是选择一个小的恒定频率 f_0；第二步是实施一个瞬时频率 IF 恢复操作，该操作旨在恢复原始的时间分辨率。在第一步，根据海森伯不确定原理限制，当频率分辨率提升时，导致时间分辨率下降。幸运的是，水平脊线是一个特殊情况。因为理想的水平脊，频率是不变的，即 $f_0(t) = f_0$。时间分辨率的下降并不影响瞬时频率映射。换言之，伴随着广义同步挤压变换频率分辨率提升，原来的时间分辨率保留下来了。

通常选择一个低频的水平脊线（恒定频率）作为 f_0。在实际应用中，即使不能获得一个完全水平的脊线，在广义同步挤压变换时，准水平的脊线也是可以接受的。下面以式（5-14）定义的模拟信号 $s(t)$ 为例，详解广义同步挤压变换的应用。

首先确定映射目标频率。模拟信号 $s(t)$ 映射到解析信号 $w(t)$，水平脊线的目标频率被设置为 f_0=1/30 Hz。其次是确定映射函数，基于式（5-17），$x_0(t)$ 定义如下：

$$x_0(t)=\begin{cases}1, & 0 \leqslant t \leqslant 600 \\ 5t + \sin(2\pi t), & 600 < t \leqslant 1024\end{cases} \tag{5-26}$$

基于图 5-5 所示的广义同步挤压增强变换流程图，对信号 $s(t)$ 进行广义同步挤压变换。为了实现广义同步挤压变换，与 $s(t)$ 相关的解析信号 $w(t)$ 的时频表示，可以通过变换 $e^{-i2\pi x_0(t)}$ 进行恢复。

图 5-6 为使用广义同步挤压变换的模拟信号 $s(t)$ 的时频表示，非常接近图 5-2 的真实的瞬时频率的轨迹。

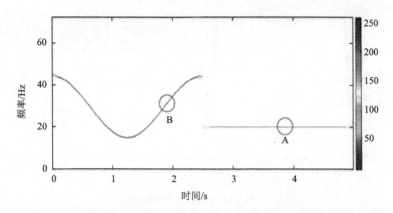

图 5-6　使用广义同步挤压变换的仿真信号时频表示结果

图 5-7 为使用广义同步挤压变换得到的时频表示的 $MOD(t)$ 的模极大值图。图 5-6 和图 5-7 中标出的 A 和 B 区域，较之图 5-3 所示的连续小波获取的时频表示和图 5-4 所示的同步挤压小波变换获得的时频表示，广义同步挤压变换方法有效地提高了模拟信号 $s(t)$ 的时频表示质量。

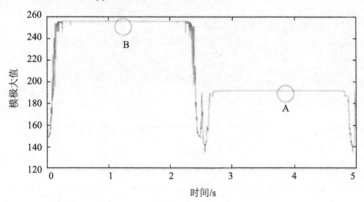

图 5-7　$MOD(t)$ 的模极大值图

根据式（5-8），瞬时幅值 $A_{\text{inst}}(t)$ 能够从 $MOD(t)$ 中提取得

$$A_{\text{inst}}(t) = \frac{MOD(t) - 2^{L+1}}{2^{L+1}} \qquad (5\text{-}27)$$

这里 L 代表小波的尺度数量，本书取 $L=6$。

图 5-8 显示了真正的瞬时频率轨迹和提取出的瞬时频率轨迹[使用式（5-27）计算所得]。图 5-8 非常清晰地显示出，瞬时频率轨迹得到增强的同时，瞬时幅度也能用广义同步挤压变换进行提取。从图 5-8 中，可以充分体现广义同步挤压变换的有效性。

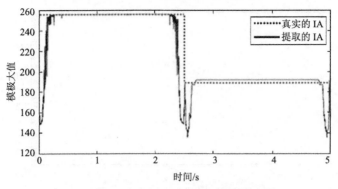

图 5-8　从 $MOD(t)$ 估计的瞬时幅值

图 5-9 所示为原始信号和基于图 5-6 所示广义挤压同步变换时频表示重构的信号比较。其重构误差（重构信号与原始信号之差）如图 5-10 所示，在大多数的时间点接近于零。因此，基于广义挤压同步变换时频表示信号重构的精度也是相当高的。

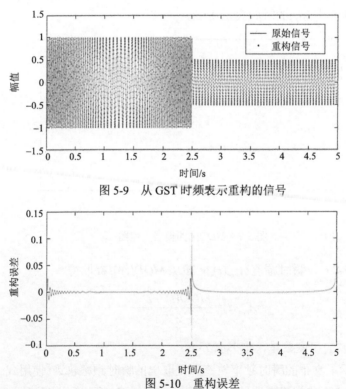

图 5-9　从 GST 时频表示重构的信号

图 5-10　重构误差

通过比较图 5-1～图 5-4 及图 5-6～图 5-10，可以得出：广义同步挤压变换提取的瞬时频率和瞬时幅度，要优于标准的同步挤压变换方法。

5.2　基于广义同步挤压变换的滚动轴承智能健康监测

广义同步挤压变换的关键是从原始信号到解析信号的映射机制。本节将针对滚动轴承的振动信号特征，以增强的脊线提取作为引导，应用于滚动轴承智能健康监测。该方法的基本思路如下：首先，从轴承振动信号中分离出低频带和共振频带，即频带分割；其次，通过采用谐波叠加策略（Harmonic Summation Strategy），从信号低频带和共振频带的短时傅里叶变换时频表示中，产生一个候选脊线集；再次，采用数据融合策略，对候选脊线集进行融合，提取出增强的时频脊线。最后，将提取出的时频脊线，基于广义同步挤压变换，对滚动轴承振动信号进行健康监测。

5.2.1　频带分割

一个滚动轴承的振动信号 $x(t)$，其傅里叶变换计算如下：

$$X(f) = \hat{x}(f) = \int_{-\infty}^{+\infty} x(t) e^{-i2\pi f(t)} dt \qquad (5\text{-}28)$$

式中，"^"表示傅里叶变换。

在滚动轴承的移动啮合面上，即使是轴承上的一个小缺陷，也会在相应轴承结构上激励起一个高频共振频率。因此在谱线上主要有两种类型的频率，即转动频率 $X(f_r)$ 和故障特征频率 $X(f_c)$[包括它们的 n 次谐波 $X(nf_r)$ 和 $X(nf_c)$]。但是，故障特征频率 $X(f_c)$ 和它的谐波通常跟转频 $X(f_r)$ 差不多。因此故障特征频率通常被掩埋在低频带的 $X(f)\big|_0^{f_l}$ 中。在低频带中，转频和它的谐波在谱线中占据着主导地位。

假定 $x_1(t)$ 和 $x_2(t)$ 各自具有低频带 $X(f)\big|_0^{f_l}$ 和高频带 $X(f)\big|_{f_a}^{f_b}$ 相对应的时域表示，即

$$x_1(t) = \int_0^{f_l} X(f) e^{2\pi i f t} df, \ x_2(t) = \int_{f_a}^{f_b} X(f) e^{2\pi i f t} df \qquad (5\text{-}29)$$

在变速工况下，共振频带信号能够被当作调幅调频成分的叠加，有如下表达形式：

$$x_2(t) = \sum_{m=1}^{M} A_m(t) \cos(2\pi \varphi_m(t)) \qquad (5\text{-}30)$$

式中，$A_m(t)>0$，表示第 m 个分量的瞬时幅度；M 是分量的个数；$\phi(t)$ 是调幅调频成分的瞬时相位，并且对所有分量有 $\varphi'_m(t)>0$。$x_2(t)$ 的解析函数表达如下[8]：

$$Z(x_2(t)) = x_2(t) + \mathrm{i}H(x_2(t)) = \sum_{m=1}^{M} A_m(t)\exp(\mathrm{j}m\phi(t)) \tag{5-31}$$

式中，$H(\cdot)$ 表示希尔伯特变换；$m\phi(t)$ 表示特征相位中的第 m 次谐波。包络幅值计算如下：

$$\tilde{x}_2(t) = \sum_{m=1}^{M} A_m(t) = \sqrt{x_2^2(t) + (H(x_2(t)))^2} \tag{5-32}$$

通过这种方式，故障特征频率 $X(f_c)$ 和它的第 n 次谐波 $X(nf_c)$ 能够在共振频带包络表示中被有效识别。

正如第 2 章所述，滚动轴承的故障特征频率分别计算如下[11]。

如果内圈滚道上有缺陷时，则 Z 个滚动体滚过该缺陷时的频率为

$$\mathrm{BPFI}: f_c = \frac{1}{2}Z\left(1 + \frac{d}{D}\cos\alpha\right)f_r \tag{5-33}$$

如果外圈滚道上有缺陷时，则 Z 个滚动体滚过该缺陷时的频率为

$$\mathrm{BPFO}: f_c = \frac{1}{2}Z\left(1 - \frac{d}{D}\cos\alpha\right)f_r \tag{5-34}$$

如果单个有缺陷的滚动体每自转一周，只冲击外圈滚道（或外圈）一次，则滚动体有缺陷时的特征频率为

$$\mathrm{BSF}: f_c = \frac{D}{2d}\left(1 - \left(\frac{d}{D}\right)^2\cos^2\alpha\right)f_r \tag{5-35}$$

基于式（5-33）～式（5-35），能够得出如下结论：发现滚动轴承故障的关键是获取故障特征频率 f_c 和转动频率 f_r 之比。假如能够获得故障特征频率 f_c 和转动频率 f_r，根据二者之比，可以确定故障存在与否乃至于故障的类型。

如果要从傅里叶变换 $X(f)$ 中分离低频带 $X(f)\big|_0^{f_1}$ 和共振频带 $X(f)\big|_{f_a}^{f_b}$，可以根据经验选择覆盖转频多次谐波的低频带。对于共振频带 $[f_a, f_b]$，可以通过滚动轴承系统的结构参数来精确的计算出。但在大多数工程实践情况下，共振带的确定是缺少先验知识的。在此情形下，可以采用快速谱峭度图[12]等算法来确定共振带 $[f_a, f_b]$。低频带 $x_1(t)$ 和共振包络 $\tilde{x}_2(t)$ 可以用于搜索故障特征频率 f_c 和转动频率 f_r。

5.2.2　候选脊线的谐波叠加增强策略

从理论上讲，故障特征频率 f_c 和转动频率 f_r 在低频带 $x_1(t)$ 和共振频率 $\tilde{x}_2(t)$ 的谱线中占据主导地位。在变速工况下，f_c 和 f_r 都是时间 t 的函数如 $f_c(t)$ 和 $f_r(t)$。本节介绍短时傅里叶变换用于生成 $x_1(t)$ 和 $\tilde{x}_2(t)$ 的时频表示，同时介绍谐波叠加操作用于生成时频脊线。

对于一个信号 $s(t)$，信号的短时傅里叶变换表示如下：

$$S_x(u,\xi) = \int_{-\infty}^{+\infty} s(t)g(t-u)e^{-i\xi(t-u)}dt \qquad (5\text{-}36)$$

式中，u 表示时间变换；ξ 表示频率；$g(\cdot)$ 表示短时傅里叶变换的窗口函数。假如 $s(t)$ 是一个单分量谐波信号，也就是说 $s(t) = A\cos(2\pi f_0 t)$，式（5-36）可以改写如下：

$$S_x(u,\xi) = A_{\hat{g}}(2\pi f_0 - \xi)e^{i2\pi f_0 tu} \qquad (5\text{-}37)$$

式中，A 表示幅值；f_0 表示频率。如上式所示，短时傅里叶变换描述的能量在时频面上沿着脊线 $\xi=2\pi f_0$ 产生了扩展散。基于这个观察，对一个多次谐波信号 $s(t) = \sum_{m-1}^{M} A_m \cos(2\pi m f_0 t)$，时频表示的能量沿着多个脊线 $\xi_1=2\pi f_0$，$\xi_2=2\pi f_0$，…，$\xi_M=2M\pi f_0$ 产生了扩散效应。

对一个多次谐波信号，Wang[13]等提出了幅度叠加峰搜索算法（Amplitude-Sum Based Peak Search Algorithm）提取瞬时故障特征频率。受该算法启发，这里介绍一种新的方法：谐波叠加搜索算法，用以提取轴承振动信号的时频脊线。谐波叠加搜索算法详细步骤如下。

第一步，使用式（5-36）计算 $x_1(t)$ 和 $\tilde{x}_2(t)$ 的短时傅里叶变换表示 $S_x(u,\xi)$，并且按下式沿着时间轴进行归一化 $S_x(u,\xi)$：

$$\overline{S}_x(u,\xi) = \frac{S_x(u,\xi)}{mean(S_x(u,:))} \qquad (5\text{-}38)$$

式中，"-"表示归一化，$mean(\cdot)$ 表示均值。归一化的目的是减少搜索过程中时变能量的影响。

第二步，对有着时间平移 u 和频率 $\xi_k (k \in [a,b])$ 任意一个时频点，它的谐波叠加的幅值计算如下：

$$A^s(u,\xi_k) = \sum_{m=1}^{M} w_m A(u,\xi_{km}) \qquad (5\text{-}39)$$

式中，A 和 A^s 各自代表谐波叠加的幅值和原始幅值；M 是考虑的谐波的数量；a_m 代表第 m 次谐波的权重，通常 $w_1 \geqslant w_2 \geqslant w_3 \cdots$；$[\xi_a, \xi_b]$ 表示有兴趣的频率范围。

第三步，用 $A^s(u, \xi_k)$ 替代 $A(u, \xi_k)$，设置提取脊线数量最大值 I，初始化脊线的数量 $i = 1$。

第四步，相对应于所研究的时频平面 $([u_c, u_d], [\xi_a, \xi_b])$ 中的最大幅值，确定时频点 $(u_x^i, \xi_k^i) = (u_{x0}^i, \xi_{k0}^i)$。

第五步，假如 $u_x^i = u_d$，则跳到第六步。否则，$x+1 \to x$，对应于在范围 $([u = u_k^i, \xi = [\xi_{k-p}^i, \xi_{k+p}^i])$ 内的最大幅值，决定时频点，这里 $[-p, p]$ 代表在频率方向的搜索范围。在该范围内的新的局部最大量标记为 (u_x^i, ξ_k^i)。

第六步，假如 $u_x^i = u_c$，则跳到第七步。否则，$x-1 \to x$，对应于在范围 $([u = u_k^i, \xi = [\xi_{k-p}^i, \xi_{k+p}^i])$ 内的最大幅值，决定时频点，这里 $[-p, p]$ 代表在频率方向的搜索范围。在该范围内的新的局部最大量标记为 (u_x^i, ξ_k^i)。

第七步，连接所有的 (u_x^i, ξ_k^i) 作为第 i 个候选脊线，并标记在下一步不能搜索。假如 $i < I, i = i+1$，跳转到第三步，否则跳转到第八步。

第八步，输出候选时频脊线：$[L_1 = (u, \{\xi_k^1\}), L_2 = (u, \{\xi_k^2\}), \cdots, L_I = (u, \{\xi_k^I\})$。

本书中参数设置如下：$M = 3$，$w_1 = 1$，$w_2 = 0.8$，$w_3 = 0.5$，$p = 10$。对于 $x_1(t)$ 和 $\tilde{x}_2(t)$，候选时频脊线的最大参数 $I = 2$，也就是总共有 4 个候选脊线，将通过数据融合机制，生成最终的时频脊线。接下来介绍候选时频脊线的融合。

5.2.3　候选时频脊线的数据融合

为了最终提取出 $x_1(t)$ 和 $\tilde{x}_2(t)$ 的时频脊线，可以采用数据融合的算法。基于如下两个定理，该数据融合算法可以应用于脊线融合。

定理 5.1　对应于一个脊线变换，一对有效的候选脊线之间具有更高的相关系数。

如式（5-34）和式（5-35）所示，包含在低频带 $x_1(t)$ 的转频正比例于包含在共振频带 $\tilde{x}_2(t)$ 中的特征频率。换言之，如果将候选脊线集中于一个目标频率点，所有候选脊线理论上是相关的。基于上述观察，采用式（5-40）进行候选脊线变换。

$$\overline{L}_i = \left(u, \left\{ \frac{T}{mean(L_i)} \xi_k^i \right\} \right) \tag{5-40}$$

式中，T 是目标频率点。换言之，所有的候选脊线的平均值将会被转换为 T。

两根脊线的相关系数是评估二者间关联性的评估标准之一。第 i 根脊线和第 j 根脊线间的相关系数 R_{ij} 定义如下[14]：

$$R_{ij} = \frac{\text{COV}(L_i, L_j)}{\sqrt{D(L_i)}\sqrt{D(L_j)}} \tag{5-41}$$

式中，$\text{COV}(\cdot)$ 表示协方差函数；$D(\cdot)$ 表示方差函数。

如前所述，所有候选脊线理论上是相关的。这表明，最好搜索配对 $(L_{i\max}, L_{j\max})$ 与最大相关系数 $\max(R_{ij})$ 是相对应的。

定理 5.2　对应于一个脊线变换，有效提取的脊点应有更大的时频幅值。

如式（5-38）所示，根据短时傅里叶变换的归一化处理结果，在时频平面的脊点应当是局部最大的。因为噪声的干扰，在一些情况下，谐波叠加搜索在一些时间点会失败，这些时间点的幅度比正常的脊点的幅度要小。基于定理 5.2，变换幅值用来作为一个权重，融合最好搜索候选配对，并作为最终的时频脊线。然后加入所有候选配对的最大相关系数小于给定阈值 T_0，这意味着最大的一个是最好的搜索结果。在此情况下，应当选择有着最大幅值的候选者作为时频脊线，按如下公式进行正则化。

$$\begin{cases} L = (u, \{\xi_k\}) = \left(u, \left\{\dfrac{\overline{S}_x(u, \xi_k^{i\max})\xi_k^{i\max} + \overline{S}_x(u, \xi_k^{i\max})\xi_k^{i\max}}{\overline{S}_x(u, \xi_k^{i\max}) + \overline{S}_x(u, \xi_k^{i\max})}\right\}\right), \max(R_{ij}) \geqslant T_0 \\ L = (u, \{\xi_k\}) = \left(u, \{\xi_k^{i\max}\}\right) \longleftrightarrow \max\left(\displaystyle\sum_{\xi=\xi a}^{\xi a} \overline{S}_x(u, \xi)\right), \max(R_{ij}) < T_0 \end{cases}$$
$$\tag{5-42}$$

式中，L 表示为 $x_1(t)$ 和 $\tilde{x}_2(t)$ 融合的时频脊线。

5.2.4　时频脊线引导的广义同步挤压变换

提取时频脊线的逆，关联到转换目标频率 T，可表示如下：

$$L^{-1} = (u, \{\xi_k^{-1}\}) = (u, \{2T - \xi_k\}) \tag{5-43}$$

通过时频脊线作为变换准则，变速条件下的时频表示 $\overline{S}_x(u, \xi)$ 可以映射为一个直线的时频表示 $Z_x(u, \xi)$：

$$Z_x(u, \xi) = \overline{S}_x(u, \xi)\frac{L^{-1}}{T} = \overline{S}_x\left(u, \xi\frac{2T - \xi_k}{T}\right) \tag{5-44}$$

假设时频脊线为 $\xi = 2\pi f_0$，则直线时频表示 $Z_x(u, \xi)$ 的导数计算如下：

$$\delta_u Z_x(u, \xi) = \text{j}2\pi f_0 Z_x(u, \xi) \tag{5-45}$$

也就是说，信号 $x(t)$ 在时频脊线的逆的引导下，其平均瞬时频率 $f_z(u,\xi)$ 计算如下：

$$f_z(u,\xi) = \begin{cases} |\delta_u Z_x(u,\xi)|, & |Z_x(u,\xi)| > 0 \\ \infty, & |Z_x(u,\xi)| = 0 \end{cases} \quad (5\text{-}46)$$

对短时傅里叶变换表示进行广义同步挤压变换，即从 (u,ξ) 平面转换到 $(u, f_z(u,\xi))$ 平面。该短时傅里叶变换描述 $Z_x(u,\xi)$ 是离散形式的，同步挤压变换仅应用在频率范围为 $[f_l - \frac{1}{2}\Delta f, f_l + \frac{1}{2}\Delta f]$ 的频率中心 $f_l, \Delta f = f_l - f_{l-1}$，有

$$T_x(u, f_l) = \sum_{\xi k:[f_z(u,\xi_k)-f_l]\leqslant\frac{\Delta f}{2}} Z_x(u,\xi)(\Delta\xi) \quad (5\text{-}47)$$

通过上述方式，采用增强的时频脊线引导广义同步挤压变换，能够为信号 $x_1(t)$ 和 $\tilde{x}_2(t)$ 产生更优的 3D 视图的时频表示。为了更好地比较信号 $x_1(t)$ 和 $\tilde{x}_2(t)$ 的时频表示，可以将 3D 视图的时频表示转换成平面图片，其转换方式如下：

$$\begin{cases} T_{x1}(u, f_l) \to X_1(f_l) = \sum_{u=u_c}^{u_d} T_{x1}(u, f_l) \\ T_{\tilde{x}2}(u, f_l) \to X_2(f_l) = \sum_{u=u_c}^{u_d} T_{\tilde{x}2}(u, f_l) \end{cases} \quad (5\text{-}48)$$

式中，$X_1(f_l)$ 和 $X_2(f_l)$ 各自表示低频带 $x_1(t)$ 和共振频带 $\tilde{x}_2(t)$ 的矫正频谱。通过计算主频谱线 $X_1(f_l)$ 和 $X_2(f_l)$ 之比，然后同式（5-34）、式（5-35）比较，式（5-48）可以智能识别滚动轴承的健康状态。

5.2.5　详细步骤

上述在增强脊线的导向下，基于广义同步挤压变换的滚动轴承故障诊断流程如图 5-11 所示。详细步骤如下。

第一步，采集滚动轴承原始的振动信号 $x(t)$。

第二步，基于式（5-29）和式（5-32），从采集的振动信号中，分离出低频带 $x_1(t)$ 和共振频带 $\tilde{x}_2(t)$。

第三步，基于式（5-36）对低频带 $x_1(t)$ 和共振频带 $\tilde{x}_2(t)$ 分别应用短时傅里叶变换，获得 $S_{x1}(u,\xi)$ 和 $S_{\tilde{x}2}(u,\xi)$。应用谐波叠加搜索算法，获得候选时频脊线 $L_1\sim L_4$。

第四步，基于式（5-41），为低频带 $x_1(t)$ 和共振频带 $\tilde{x}_2(t)$ 提取出最终的时频脊线 L。

第五步，基于式（5-43），计算出时频脊线 L 的逆 L^{-1}，然后依据式（5-44）

将 $S_{x1}(u,\xi)$ 和 $S_{\bar{x}2}(u,\xi)$ 映射为直线时频表示 $Z_{x1}(u,\xi)$ 和 $Z_{x2}(u,\xi)$。

　　第六步，计算 $Z_{x1}(u,\xi)$ 和 $Z_{x2}(u,\xi)$ 的广义同步挤压变换，并根据式（5-48）将 3D 时频表示结果转换成平面图片。

　　第七步，计算主频谱线 $X_1(f_i)$ 和 $X_2(f_i)$ 之比，然后同式（5-34）和式（5-35）进行比较，从而智能识别滚动轴承的健康状态。

　　结束。

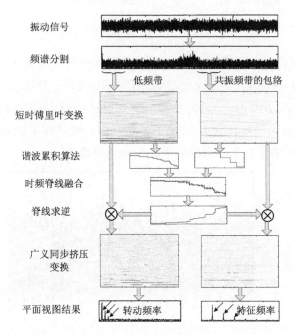

图 5-11　时频脊线增强的广义同步挤压变换监测滚动轴承健康状态流程

5.3　仿真信号分析

　　本节通过仿真信号分析来评估基于广义同步挤压变换的滚动轴承健康监测性能。定义故障滚动轴承的振动信号 $x(t)$ 如下：

$$x(t) = s(t) + r(t) + \delta(t) \tag{5-49}$$

式中，$s(t)$ 表示周期脉冲响应；$r(t)$ 表示旋转谐波；$\delta(t)$ 为噪声。在恒定转速情况下，在轴承故障接触面上，故障轴承的周期脉冲响应如下[15]：

$$s(t) = A\sum_{n} H((1+\mu)t - n / f_c) \tag{5-50}$$

式中，A 是脉冲冲击幅值；μ 描述了滑动时间系数；n 表示脉冲的数量；$f_c = k.f_r$

代表着故障特征频率，该频率由轴承的结构和轴承的转动频率 f_r 决定。$H(\cdot)$ 表示脉冲响应函数，定义如下：

$$H(t) = \begin{cases} \exp(-bt)\sin(2\pi f_0 t)\,, t>0 \\ 0, \qquad\qquad\qquad t\leqslant 0 \end{cases} \qquad (5\text{-}51)$$

式中，b 表示带宽或者衰退系数；f_0 表示谐振中心频率。

考虑到时变转速的影响，式（5-51）描述的周期脉冲响应可以改写如下：

$$s(t) = A(t)\sum_n H[(1+\mu)t - kn/f_r(t)] \qquad (5\text{-}52)$$

式中，$A(t)$ 和 $f_c(t)$ 表示振幅和故障特征频率随转速变化而变化。

在本节模拟分析中，上述定义的滚动轴承故障振动信号参数选择如下：$t=[0, 2]$ s，$A(t)=[1.8, 2.1]$ V，$\mu=0.01$，$n=10$，$k=3.7$，$b=100$Hz，$f_r(t)=10\times(1.5-0.1e^{1.2t})/15$ Hz，$f_0=3200$ Hz，$\delta(t)$ 为信噪比为 1 dB 的高斯白噪声。采样频率设为 12 kHz。图 5-12 和图 5-13 分别示出了仿真信号的时域波形和傅里叶谱。

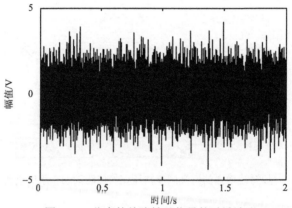

图 5-12　仿真的故障轴承信号的时域波形

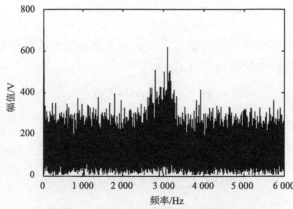

图 5-13　仿真的故障轴承信号的傅里叶谱

根据图 5-11，首先计算仿真信号在[0，200] Hz 低频范围的短时傅里叶变换，其结果如图 5-14 所示。

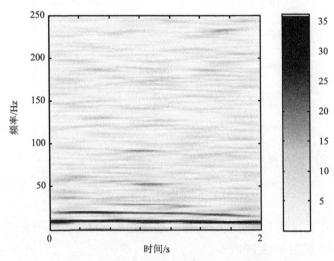

图 5-14　仿真故障轴承信号低频分量的短时傅里叶变换

采用谱峭度算法自适应地确定共振频带为[3000，3250] Hz。图 5-15 示出了共振频带的频谱图。疑似可以观察到特征频率在 30 Hz 左右。但是，因为转速是时变的，特征频率不能被压缩在一个谱点上。在低频带[0，250] Hz，可以发现转动频率 f_r 的多次谐波。

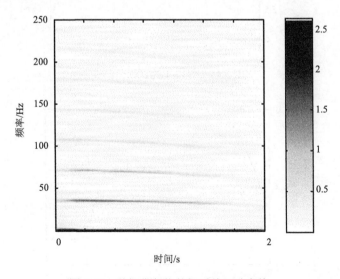

图 5-15　共振带包络的短时傅里叶变换

如图 5-16 所示，使用谐波叠加和脊线搜索，找到了最相关的两根脊线：脊线 1 和脊线 2。为了比较方便，转动频率 f_r 也被标识在图 5-16 上。

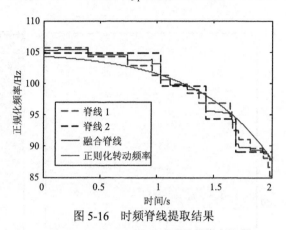

图 5-16　时频脊线提取结果

图 5-16 中，脊线 1 和脊线 2 的相关系数达 0.9586。变换的脊线 1 和脊线 2 的幅值如图 5-17 和图 5-18 所示。

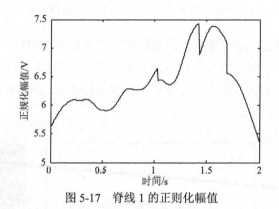

图 5-17　脊线 1 的正则化幅值

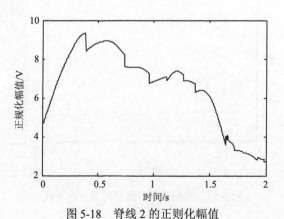

图 5-18　脊线 2 的正则化幅值

　　基于所得的融合脊线，按照 5.2 节描述的脊线引导机制，对轴承的振动信号的低频成分和共振带进行广义同步挤压变换，所得的时频表示如图 5-19 和图 5-20 所示。

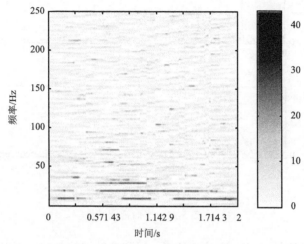

图 5-19　低频分量的同步挤压变换

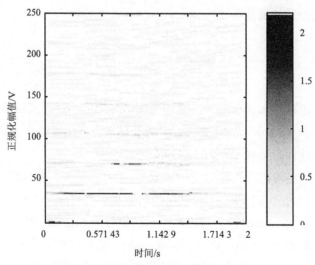

图 5-20　共振带包络的同步挤压变换

　　将 3D 视图映射到平面视图，其结果如图 5-21 所示，可以获得轴承振动信号的低频成分和共振带的频谱图。采用式（5-31）进行计算，所得累计振幅如图 5-21 所示。通过观察图 5-21，转动频率的 3 次谐波和特征频率的 5 次谐波可以表明滚动轴承的故障状态。

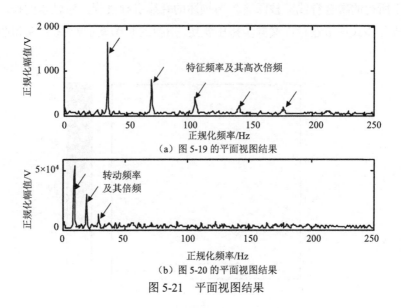

（a）图 5-19 的平面视图结果

（b）图 5-20 的平面视图结果

图 5-21　平面视图结果

需要注意的是，正如图 5-16 所示，提取出的脊线与转动频率 f_r 之间存在一定的偏差。广义同步挤压变换的鲁棒性能够在一定程度上克服这种脊线误差，诊断出模拟的滚动轴承故障是存在的。

5.4　实验验证评估

为了进一步验证和评估基于广义同步挤压变换的滚动轴承故障诊断有效性，本节将通过如图 3-12 所示的轴承故障实验平台来进行实验评估。实验中去掉了轴承实验台的转速计，采样频率为 50 kHz。

实验过程中共考虑了三种滚动轴承工况：1 号轴承有内圈故障，2 号轴承有外圈故障，以及 3 号正常轴承。1 号轴承的内圈故障直径 ϕ 为 0.9 mm，2 号轴承的外圈故障直径 ϕ 为 1 mm。所有待诊断轴承的型号为 SKF 1207EKTN9/C3，其参数如下：滚动体的数量 n =15；直径为 d=8.7 mm；轴承节圆直径 D=53.5 mm；接触角 α=0。基于式（5-19）和式（5-20），计算外圈故障特征频率为 f_c=6.2804f_r，内圈故障特征频率为 f_c=8.7196f_r。

5.4.1　内圈故障诊断实验

图 5-22 和图 5-23 分别示出了 1 号轴承内圈有故障情形的时域波形和傅里叶谱。采用谱峭度算法自适应地确定共振频带为[12500，15625] Hz。低频带为[0，1000] Hz。

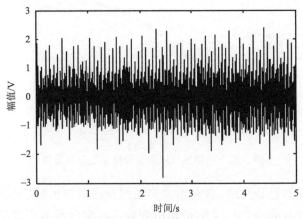

图 5-22　内圈故障轴承实验振动信号的时域波形

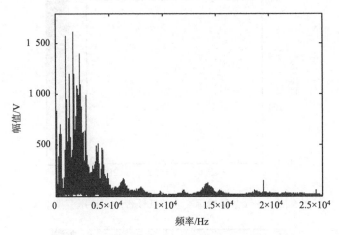

图 5-23　内圈故障轴承实验振动信号的傅里叶谱

采用短时傅里叶变换，获得低频带和共振频带的时频表示，并以此为基础产生候选脊线。两个最相关的脊线相关系数为 0.9721，如图 5-24 所示。从候选脊线1 中可以观察到，在[0，0.7]s 区间，有一个跳跃；在候选脊线 2 中，在[1.6，2.1]s的区间，也有一个跳跃。这表明，纵使进行了谐波叠加和脊线搜索操作，在一些时间段，候选脊线还是存在偏差的。幸运的是，通过脊线融合之后，如图 5-24 所示提取的脊线是平滑的，这表明脊线融合可以在一定程度上提升时频脊线的提取质量。

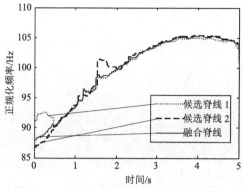

图 5-24　内圈故障轴承实验提取的时频脊线

　　基于所提取的融合脊线，按照前文描述的脊线引导机制，对轴承的振动信号的低频带和共振频带进行广义同步挤压变换，所得时频分析结果如图 5-25 和图 5-26 所示。

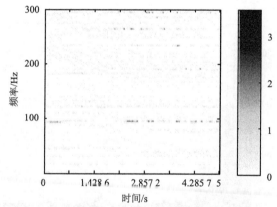

图 5-25　内圈故障轴承实验的低频带同步挤压变换结果

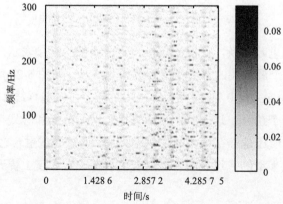

图 5-26　内圈故障轴承实验的共振频带包络的同步挤压变换结果

将 3D 视图映射到平面视图,获得了轴承的振动信号的低频带和共振频带的频谱图如图 5-27 所示。从图 5-27 可观察到,转动频率的 4 倍频(14.8 Hz)和特征频率的 3 倍频(131.2 Hz),故障特征频率与转动频率之比 131.2/14.8 = 8.8648,这近似于滚动轴承的内圈故障频率 BPFI($f_c=8.7196f_r$),这表明了轴承存在内圈故障。

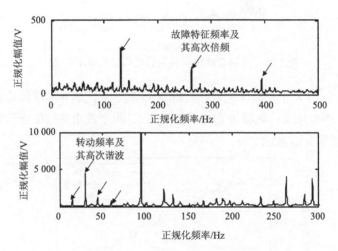

图 5-27 内圈故障轴承实验结果

5.4.2 外圈故障诊断实验

图 5-28 和图 5-29 分别为外圈含有故障的 2 号轴承的时域波形和傅里叶谱。

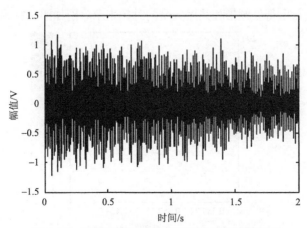

图 5-28 外圈故障轴承实验振动信号的时域波形

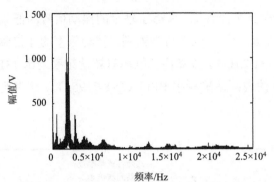

图 5-29　外圈故障轴承实验振动信号的傅里叶谱

在实验中，广义同步挤压变换在脊线引导下用于轴承外圈故障诊断。共振频带为[20833，25000] Hz；低频带为[0，1250] Hz。两个最相关的候选脊线相关系数为 0.9974，如图 5-30 所示。

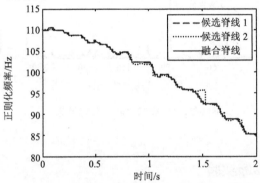

图 5-30　外圈故障轴承实验提取的时频脊线

采用前文所说的脊线融合策略，在融合脊线引导下，对低频带和共振频带进行广义同步挤压变换，所得低频带和共振频带的时频表示分别如图 5-31 和图 5-32 所示。

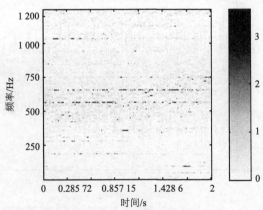

图 5-31　外圈故障轴承实验中低频带的同步挤压变换结果

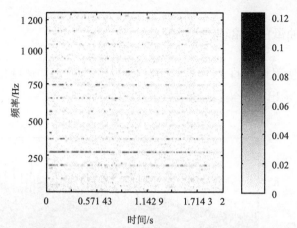

图 5-32　外圈故障轴承实验中共振频带包络的同步挤压变换结果

为了更好的比较，图 5-31 和图 5-32 所示的 3D 视图再进一步变换到平面视图，如图 5-33 所示。

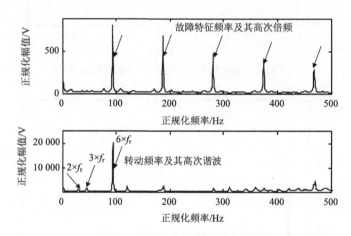

图 5-33　外圈故障轴承实验结果

观察图 5-33，能够识别出转频（15 Hz）的 2 倍、3 倍和 6 倍频，故障特征频率（94 Hz）的 5 倍频。故障特征频率与转动频率之比为 6.2667，近似于外圈故障特征频率 BPFO（f_c=6.2804f_r）。因此可以得出结论：2 号轴承的外圈存在故障。

除了内圈故障和外圈故障之外，滚动轴承还存在其他故障。脊线引导下的广义同步挤压变换，通常是用来解释转动频率与故障特征频率之间的联合信息。不同的故障模式呈现出不同的故障特征频率，但是所有故障特征频率都是基于损伤机器的冲击脉冲。共振解调已经被证明是发现脉冲特征的有效方法，因此，脊线引导下的广义同步挤压变换同样可以应用与滚动轴承的其他故障诊断。

5.4.3 健康轴承的智能监测管理

本实验中使用正常的 3 号轴承。图 5-34 所示为使用加速度传感器采集的振动信号，图 5-35 示出了采集的振动信号的频谱。

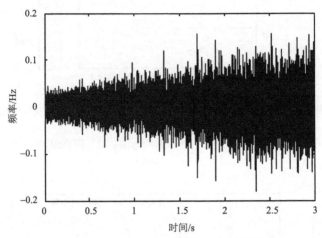

图 5-34　正常轴承实验振动信号的时域波形

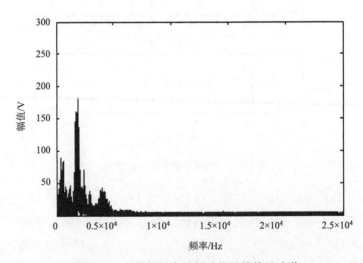

图 5-35　正常轴承实验振动信号的傅里叶谱

广义同步挤压变换在脊线引导下用于正常轴承的状态诊断，图 5-36 为提取出的两个最相关的候选脊线，其相关系数为 0.8731。这表明，至少有一个候选脊线提取得不够好。

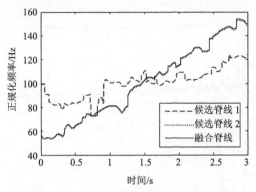

图 5-36　正常轴承实验提取的时频脊线

根据前文所述的脊线融合策略，有着更大变换幅值累计和的脊线被选作融合脊线，该融合脊线被用来引导广义同步挤压变换。所得低频带和共振频带的时频表示如图 5-37 和图 5-38 所示，对应的平面视图如图 5-39 所示。

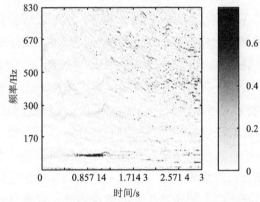

图 5-37　正常轴承实验低频带的同步挤压变换结果

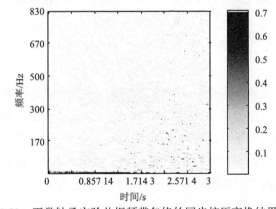

图 5-38　正常轴承实验共振频带包络的同步挤压变换结果

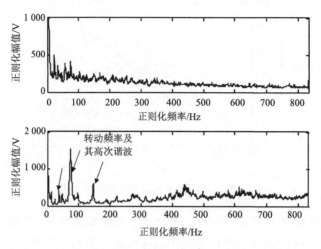

图 5-39　正常轴承实验结果

上下两图分别对应于低频带和共振频带

　　在图 5-39 中，不能观察到故障的特征频率，但可以观察到一个可能的转动频率（33.3 Hz）及其谐波（66.7 Hz，133.3 Hz）。当然，对于健康监测来说这并没有传递重要的轴承健康状态信息。因此，可以得出结论：3 号轴承没有故障。

　　比较上述三个实验，有两个要点需要关注。一方面，显著故障有助于脊线提取。2 号轴承故障特征是非常明显的，所以两根候选脊线的相关系数是最大的。3 号轴承是健康的，此时仅仅是转动频率对脊线提取做了贡献，提取出的两根候选脊线的相关系数最小。这也说明提取出的脊线还可以作为一个有效的辅助工具，用于帮助发现可能存在的故障。另一方面，广义同步挤压变换对脊线偏差是鲁棒的。脊线提取得越好，广义同步挤压变换效果越好。即便如此，一根较差的脊线仍然能够引导广义同步挤压变换，所得时频表示仍然是可以接受的。

5.5　小　结

　　本章讲述了同步挤压变换、广义同步挤压变换的基本工作原理。针对滚动轴承智能健康监测，提出了脊线引导下的广义同步挤压变换。分别通过仿真信号和真实的轴承故障实验平台，对广义同步挤压变换进行了评估。评估结果显示，广义同步挤压变换可以有效地对非平稳非线性的滚动轴承故障振动信号进行时频表示，并基于该时频表示实现对滚动轴承的健康状态监测。

参 考 文 献

[1] Daubechies I，Lu J，Wu H T. Synchrosqueezed wavelet transforms：An empirical mode decomposition-like tool[J]. Applied and Computational Harmonic Analysis，2011，30(2)：243-261.

[2] Thakur G，Wu H T. Synchrosqueezing-based recovery of instantaneous frequency from nonuniform samples[J]. SIAM Journal on Mathematical Analysis，2011，43(5)：2078-2095.

[3] Brevdo E，Wu H T，Thakur G，et al. Synchrosqueezing and its applications in the analysis of signals with time-varying spectrum[J]. Proceedings of the National Academy of Sciences of the United States of America，2011，93：1079-1094.

[4] Lilly J M，Gascard J C. Wavelet ridge diagnosis of time-varying elliptical signals with application to an oceanic eddy[J]. Nonlinear Processes in Geophysics，2006，13(5)：467-483.

[5] Djurovic I. Viterbi algorithm for chirp-rate and instantaneous frequency estimation[J]. Signal Processing，2011，91(5)：1308-1314.

[6] Daubechies I，Maes S. A nonlinear squeezing of the continuous wavelet transform based on auditory nerve models[J]. Wavelets in Medicine and Biology，1996：527-546.

[7] Li C，Liang M. A generalized synchrosqueezing transform for enhancing signal time-frequency representation[J]. Signal Processing，2012，92(9)：2264-2274.

[8] Li C，Liang M. Time-frequency signal analysis for gearbox fault diagnosis using a generalized synchrosqueezing transform[J]. Mechanical Systems and Signal Processing，2012，26：205-217.

[9] Cheng J，Yang Y，Yu D. The envelope order spectrum based on generalized demodulation time-frequency analysis and its application to gear fault diagnosis[J]. Mechanical Systems and Signal Processing，2010，24(2)：508-521.

[10] Olhede S，Walden A T. A generalized demodulation approach to time-frequency projections for multicomponent signals[J]. Proceedings of the Royal Society A：Mathematical Physical and Engineering Sciences，2005，461：2159-2179.

[11] Wang D，Guo W，Wang X. A joint sparse wavelet coefficient extraction and adaptive noise reduction method in recovery of weak bearing fault features from a multi-component signal mixture[J]. Applied Soft Computing，2013，13(10)：4097-4104.

[12] Antoni J. The spectral kurtosis：A useful tool for characterising non-stationary signals[J]. Mechanical Systems and Signal Processing，2006，20(2)：282-307.

[13] Wang T，Liang M，Li J，et al. Rolling element bearing fault diagnosis via fault characteristic order (FCO) analysis[J]. Mechanical Systems and Signal Processing，2014，45(1)：139-153.

[14] Li C，Liang M. Extraction of oil debris signature using integral enhanced empirical mode decomposition and correlated reconstruction[J]. Measurement Science and Technology，2011，22(8)：085701.

[15] Li C，Liang M，Zhang Y，et al. Multi-scale autocorrelation via morphological wavelet slices for rolling element bearing fault diagnosis[J]. Mechanical Systems and Signal Processing，2012，31：428-446.